퀸즐랜드 자매로드

여자 둘이 여행하고 있습니다

황선우 × 김하나

2019년 다녀온 퀸즐랜드 여행 이야기를 2022년 세상에 내놓게 되었습니다.
그 사이에는 모두가 아는 것처럼 코로나19 팬데믹이 있었죠.
일상의 많은 것들을 포기하거나 연기하는 시간이었고, 이전보다 반경이
좁아진 공간 속에 머물러야 했습니다. 지난 여행이 꿈처럼 멀게 느껴지는
때도 있었지만 여전히 생생한 그 기억들에서 버틸 힘을 얻기도 했습니다.
이제 다시 시작되는 여러분의 여행에 이 책이 함께할 수 있기를 바랍니다.

*본문에 언급한 장소나 시설 이름 뒤에
 @queensland처럼 표기한 것은 인스타그램 계정입니다.

차 례

여자 둘이 여행하고 있습니다 ——————— 김

　　황선우 작가와 나는 2019년에 『여자 둘이 살고 있습니다』라는 책을 냈다. 일단은 우리가 생각하기에도 우리 사는 이야기가 워낙 재미있었기 때문이고, 이면에는 부부와 자녀로 이루어지는 이른바 '정상가족'에 대한 생각을 깨트리고 다양한 가족의 형태를 보여주고 싶다는 의도도 있었다. 우리가 어떻게 만나 친해지고 함께 아파트를 사서 고양이 네 마리와 함께 가족을 이루어 살게 되었는가에 대한 이야기다.

　　절친으로 유명한 '아이유인나(아이유 씨와 유인나 씨의 이름을 합친 별명. 둘은 한 집은 아니지만 같은 아파트에 산다고 한다)'가 우리보다 먼저 책을 내지만 않는다면 꽤 반응이 좋으리라 예상했는데 다행히 그분들은 아직 책을 내지 않으셨고 우리의 책은 기대를 훌쩍 뛰어넘은 베스트셀러가 되었다.

　　책을 낸 뒤로 다양한 기회가 찾아왔다. 함께 잡지 화보도 찍고 함께 영화 GV도 진행하고 팟캐스트나 페스티벌에도 초대되었다. 2019년은 다양한 경험을 쌓으며 바쁘게 활동하느라 길게 여행을 계획할 엄두를 내지 못했다. 대신 전국 각지로부터 초청받아 북토크 순회를 다니면서 앞뒤로 며칠씩 붙여 여행을 겸했다. 남해와 부산, 담양과 부여, 그리고 몇 번의 제주 등등. 북토크의 반응은 뜨거웠고, 우리는 곳곳의 지역으로부터 환영받는 기분으로 우리나라의 아름다운 숲과 바다와 계절을 누렸다. 인스타그램 해시태그도 만들었다. #여자둘이여행하고있습니다.

그러던 중 멋진 제안이 들어왔다. 호주 퀸즐랜드주 관광청에서 우리 둘을 초대해준 것이다! 안 그래도 『여자 둘이 살고 있습니다』를 탈 고한 뒤 골드코스트를 다녀올까 생각한 적도 있었던 우리였기에 어떻 게든 응하고 싶었다. 영상 광고와 책도(바로 이 책이다) 제작하는 조건 이었다. 바쁜 일정을 쪼개고 미뤄 시간을 만들었다. 사전에 정해진 콘셉 트는 #일하는여자들의퀸즐랜드, #퀸즐랜드자매로드였다. 퀸즐랜드주 관광청의 경성원 실장님, 대행사 '봄바람'의 김상아 대표님과 조민희 과장님, 이예선 대리님 모두 여성이라 더욱 들어맞는 콘셉트였다. 스튜 디오 도시의 박신영, 심규호 작가와 스튜디오 텍스처온텍스처의 신해수 작가가 촬영팀으로 합류했다. 몇 번의 사전 미팅을 하며 우리의 여행 스타일과 취향에 대해서도 이야기를 나누었다. 우리 둘 다 호주는 처음 이어서 설레었다.

시간이 정신없이 흘러 출발 일자가 다가왔다. 우리 집에는 대,

중, 소, 세 개의 여행가방이 있는데 세 개를 다 가져가기엔 번거롭고, 대와 중 두 개의 여행가방으로는 혹시 모자라지 않을까 하고 황선우가 우려했다. 그래서 우리와 같은 아파트에 사는 베테랑 여행자인 김민철 작가에게 연락해 여행가방을 빌리기로 했다. 김민철 작가의 집에 가서 훌쩍 큰 특대 사이즈 여행가방을 빌리니 마음이 편안했다. '그래, 숙소를 계속 옮기는 데다 일정이 바쁘니 매번 꼼꼼히 짐을 쌀 수는 없을 거야. 좀 빈 곳이 있더라도 큰 가방을 쓰는 게 더 편하겠지.' 이런 대화를 나누며 가방을 가지고 나오려는데, 김민철 작가가 덧붙였다. "선배, 이 저울도 혹시 모르니까 가져가 봐." 여행가방 손잡이에 걸어서 들어 올리면 무게를 잴 수 있는 소형 디지털 저울이었다. 쓸 일은 없겠지만 그리 크지 않으니까 싶어서 받아왔다.

　　퀸즐랜드주 일정을 만들기 위해 앞뒤로 미룬 일들을 해내느라 정신없이 보내는 동안 어느덧 출발일이 다가왔다. 어찌 된 일인지 알 수 없었지만 특대 여행가방이 이미 거의 다 차 있었다. 물론 대 여행가방도 마찬가지였다. 내 물건들을 이리저리 넣으니까 금세 포화상태가 되었다. 설마 싶어서 디지털 저울로 무게를 재어 봤더니 특대 여행가방은 이미 한도 초과였다. 저울이 없었더라면 큰일 날 뻔했다. 보통은 이런 경우 물건을 좀 덜어낸다. 하지만 황선우는 보통 사람이 아니다. 우리의 여행가방은 결국 세 개가 되었다. 가방을 두 개만 가져가기 위해 특대 여행가방을 빌렸는데 어째서 다시 이렇게 되어버린 건지 이해할 수가 없었다. 그러나 3년을 같이 살면 이해가 안 되는 일도 그저 받아들이게 된다.

우리의 전작 『여자 둘이 살고 있습니다』의 중심 갈등은 물건의 양을 둘러싼 철학의 차이에서 비롯된다. 나는 미니멀리스트고 황선우는 맥시멀리스트다. 나는 물건이 적고 빈 공간이 많을수록 안정감을 얻는 타입이고, 황선우는 '빈 공간=수납 가능성'이라고 여기는 타입이다. 정리를 좋아하는 나에게는 '도비', 즉 해리 포터에 나오는 집요정의 이름을 딴 별명이 생겼고 황선우에게는 '호더hoarder', 즉 수집광이라는 별명이 붙었다. '내가 넓은 집을 왜 샀는데!' 하는 이유가 서로 정반대 방향을 향하고 있으니 갈등이 없을 리 없다. 나는 빈 공간을 넓히려고 큰 집을 샀고 황선우는 그 공간을 다 채우려고 큰 집을 산 것이었다. 그러나 함께 살면서 서로 공존하기 위해 노력하다 보니 우리 집 모양새는 조수간만의 평형이 맞듯 미니멀리즘과 맥시멀리즘이 곳곳마다 상이한 비율로 균형을 맞춰가게 되었다. 그러다 이번 여행에서 특대 여행가방이 생기자 황선우의 호더 기질이 갑작스레 폭발해버린 것이다. 사진과 동영상 촬영팀이 함께 가는 여행인 만큼 나보다 옷, 신발, 가방이 월등히 많은 황선우가 만반의 준비를 다하느라 일이 그리되었다.

둘이서 배낭과 크로스백을 메고 여행가방 세 개를 밀고 끌며 공항으로 향하는데 황선우가 내게 속삭였다. "하루에 두 번씩 옷 갈아입어도 돼. 내 옷도 빌려줄게." 하루에도 몇 번씩 밥을 먹기 위해, 산책을 하기 위해 옷을 갈아입던 옛날 귀족들 스타일로 짐을 챙긴 거로구나. 다만 귀족들은 옷 갈아입혀 주는 몸종도, 그 짐 다 들고 다니는 짐꾼들도 거느렸지만 너무나 현대 시민들인 우리는 스스로가 몸종이자 짐꾼일 뿐이었다. 공항철도 짐 두는 칸에 여행가방 세 개를 나란히 세워두었는데 요즘 여행가방은 바퀴가 어찌나 잘 굴러가는지, 열차가 코너를 돌 때면 갑자기 뿔뿔이 제멋대로 굴러가 버려 양치기 업자처럼 이리저리 뛰어다니면서 다시 끌고 와야 했다. 여행 시작 전부터 지치는 느낌이었다. 호주가 '호더 주의'의 줄임말처럼 느껴졌다.

　　우리가 탈 비행기는 저녁 8시 5분 인천국제공항에서 출발해 다음 날 아침 6시 50분에 퀸즐랜드주 브리즈번 공항에 도착한다. 비행시간은 9시간 45분, 시차는 불과 한 시간이다. 위도상으로는 많이 이동하지만 시간을 가르는 경도상으로는 크게 이동하지 않기 때문이다. 호주에 도착하자마자 하루 일정이 시작되니 비행기에서 푹 자두라는 경성원 실장님의 말씀을 들었다. 마른 체구에 안경을 쓰고 높고 또렷한 목소리로 말하는 경성원 실장님은 의외로 본인이 여러 가지에 무딘 편이라고 하셨다. 부러웠다. 나의 별명은 도비이자 '콩쥬님'이다. 일곱 겹 매트리스 아래 완두콩 한 알 때문에 잠을 못 이룬 것을 보니 공주가 틀림없다는 동화를 읽고 그 어릴 적에도 밥맛이라고 생각했었는데, 자라고 보니 내가 그런 사람이었다. 수면 환경에 너무 예민해서 쉽게 잠들지 못하고 툭 하면 도중에 깨어버리는 사람. 이런 까탈스런 사람 따위 정말 되고 싶지 않았는데 말이다. 황선우는 그런 나를 두고 콩알만 한 이유에도 잠 못 드는 공주님이라는 뜻으로 '콩쥬님'이라고 불렀다. 반면 황선우는 '오늘은 왠지 졸리지가 않아'라고 말했다가도 3초 만에 도롱도롱 코를 고는 사람이다. 여행 첫날부터 컨디션이 나쁘면 안 되니까 나는 수면유도제도 미리 먹어두고 기내에서 와인을 몇 잔 마셨다. 그러나 잘하려고 너무 애를 쓰면 될 일도 안 되는 대표적인 두 가지가 바로 연애와 잠인 것이다. 결국 나는 비행시간 내내 거의 뜬눈으로 보냈고, 황선우는 도롱도롱 꿀잠을 잤다. 드디어 창밖으로 우리 둘 다 난생처음 보는 대륙이 나타났다. 호주에 도착한 것이다.

Map of Queensland

Queensland

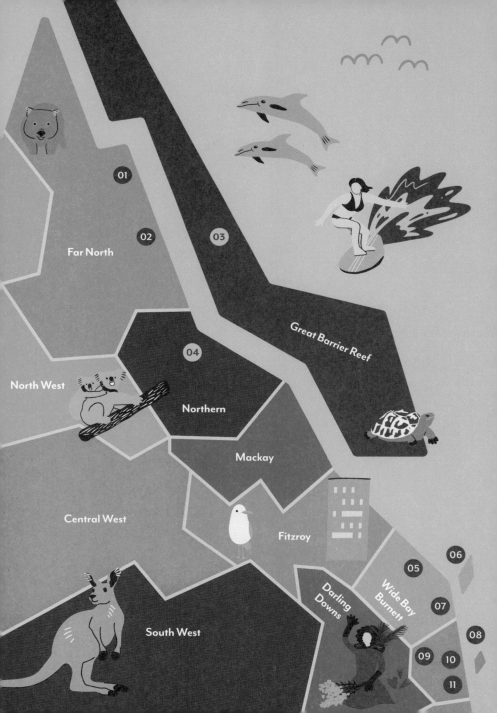

Far North

01

02

03

Great Barrier Reef

North West

04

Northern

Mackay

Central West

Fitzroy

05

06

07

08

09

10

11

Wide Bay Burnett

Darling Downs

South West

야자수 사이로 돌고래가 찾아오는 모래섬 ——————— 김

모튼 아일랜드는 세계에서 세 번째로 큰 모래섬이다(그런데 첫 번째, 두 번째로 큰 모래섬도 다 호주에 있다고 한다). 모래섬하면 뭐가 떠오르는가? 어딘지 쓸쓸하고, 파도에 휩쓸려 나갈 것 같고, 건조하고 푸석한 느낌이 들지도 모르겠다. 비옥하고 풍요로운 느낌과는 거리가 멀게 느껴진다. 모튼 아일랜드는 '모래섬'에 대한 나의 선입견을 완전히 뒤바꿔 놓은 곳이었다.

지옥의 페리

잠을 거의 못 잔 채 브리즈번 공항을 나와 페리 선착장으로 이동했다. 우리가 탈 배는 '탕갈루마 와일드 돌핀호'였다. '탕갈루마'는 호주 원주민인 애보리진 말로 '물고기들이 모이는 곳'이라는 뜻이다. 우리가 묵을 곳의 이름도 탕갈루마 아일랜드 리조트(@tangaloomaislandresort)였다. 이곳은 야생 돌고래에게 먹이를 주는 체험으로도 유명하기에 '탕갈루마 와일드 돌핀호'라는 배 이름이 붙은 것이었다. 배를 기다리는 동안 우리 옆으로는 체험 학습을 하러 리조트에 가는 호주의 초등학생들이 무리 지어 기다리고 있었다. 아이들은 너도나도 바퀴 달린 작은 여행용 가방을 끌고 다니는 데 익숙해 보였다. 자연이 광활한 곳이다 보니 아이들이 밖에서 체험하고 배울 기회들이 많다고 했다. 특히 일찍부터 자연과 환경 보존의 중요성에 대해 배운다고 한다.

승선이 시작되고 어린이들이 먼저 탔다. 1층에 어린 학생들이 가득 탔으니 2층에 타라는 말을 듣고 올라갔다. 처음에는 자리가 충분했다. 낡긴 했지만 푸근해 보이는 실내는 튼튼해 보이는 나무 테이블과 와인 색깔의 낮은 소파들로 차분한 느낌을 주었다. 그러나 점점 사람이 들어차고 배가 출발하자 이내 이곳은 살아있는 지옥으로 변하고 말았다. 볼륨이 크지만 스피커가 지직거려 알아듣기 힘든 안내방송이 끊임없이 흘렀고, 그 소리와 배의 엔진 소리를 뚫고 의사소통을 하려다 점점 자신이 낼 수 있는 가장 큰 소리를 내며 복식 호흡으로 대화를 하게 된 각국의 남녀노소들로 인해 아수라장이 되었다. 광화문 앞 시위 현장 한복판에 급파된 것 같았다. 귀마개를 꼈지만 소용없어 자다 깨기를 반복했다. 괴로웠다. 창밖의 바다는 푸르렀으나 특별한 볼거리 없이 단조로웠다. 조악한 스피커로 내내 틀어둔 라디오의 댄스 음악 때문에 한층 더 정신이 산란했다. 복작거리고 시끄러운 한국으로부터 휴식을 하러 호주까지 온 건데 더더욱 복작거리고 시끄러운 곳에서 시달리고 있자니 불길한 예감이 들었다. 머리가 아파서 우리는 바람을 맞으러 위층의 열린 공간으로 올라갔다. 그러나 바람이 인정사정없이 몸을 후려치고 배의 흔들림이 더 크게 느껴져서 만신창이가 되어 다시 내려왔다. 90분의 힘든 항해 끝에 길쭉한 모래섬이 모습을 드러냈다. 모튼 아일랜드였다. 그리고 이번 여행을 통틀어 유일하게 힘들었던 순간도 끝이 났다. 나의 불길한 예감은 완전히 틀린 것이었다.

동식물의 존재감

배에서 내리자마자 내가 본 것은 세상에, 펠리컨이었다. 남미 여행 갔을 때 칠레에서 펠리컨을 본 적이 있었는데 그토록 거대하고 신기하게 생긴 새가 날거나 앉아 있는 모습을 보는 것만으로도 놀라운 경험이어서 잊히지가 않았다. 야생 돌고래가 있다는 얘기만 들었던 우리로서는 펠리컨을 눈앞에서 볼 줄은 몰랐기에 흥분했다. 펠리컨은 정말 거대했고 가로등 위에 한 마리만 앉아 있어도 존재감이 상당했다. 리조트 앞 해변에는 펠리컨과 가마우지 무리가 평화롭게 모여 놀고 있었다. 가마우지는 우리나라에도 있지만 이곳 가마우지들은 남극과 가까워서 그런지 확실히 조금 더 펭귄을 닮았다. 펭귄과 가마우지는 계통적으로 가깝지는 않으나 남극에 사는 가마우지는 얼핏 펭귄과 헷갈릴 정도로 많이 닮았다고 한다. 턱시도를 입은 듯 흰 목과 배, 검은 뒤통수와 등, 그리고 귀여운 노란색 부리의 가마우지가 사람이 가까이 있어도 겁내지 않고 커다란 펠리컨과 뒤섞여 노는 모습을 가만히 보는 것만으로도 아, 여기까지 온 보람이 있다는 생각이 들었다. 옆에 있는 표지판을 읽어보니 이곳은 종종 돌고래가 다가와 쉬고 사냥하는 곳이니 그들을 방해하지 말라고 적혀 있었다. 근방에서 돌고래 먹이 주기 체험이 있기 때문에 그 남은 것들을 노린 펠리컨과 가마우지가 모여 있는 것이기도 했다.

짐을 풀고 리조트 안을 잠깐 걷는데 놀라움의 연속이었다. 98%가 모래고 2%가 암석이라는 이 모래섬은 놀랍도록 비옥했다. 식물이 굉장하게 우거져 있어서 걸으며 구경하는 재미가 컸다. 잔디밭이 푸르렀고 각종 야자수와 처음 보는 나무열매와 풀들이 가득했다. 잘 못 보던 모양의 소나무도 있었는데, 이름을 물어보니 '노포크 아일랜드 파인트리 Norfolk Island Pine Tree'라고 했다. 아담한 풀밭을 지날 때 안내해주던 분이 "여기 갓 태어난 아기 새들이 있어요."라고 알려주어 유심히 봤더니 너무너무 자그마하고 머리에 솜털이 보송한 아기 새 두 마리가 폴짝이고, 거기서 조금 떨어진 곳에 누가 우리 애 괴롭힐까 감시 중인 엄마 아빠 새가 보였다. 새 종류는 플러버Plover라고 했는데 나중에 찾아보니 플러버는 물떼새라는 뜻이고 그중에서도 내가 본 종은 '붉은모자물떼새'인 듯했다.

우리 방에 짐을 풀어놓고 잔디가 깔린 해변을 따라 리조트의 중심부에 있는 식당으로 갔다. 피자와 샐러드, 감자튀김 등을 푸짐하게 시켜놓고 퀸즐랜드주에서 양조되는 맥주인 포엑스XXXX도 곁들였다. 황선우와 나는 곧 쿼드바이크를 탈 예정이어서 맥주를 마시지는 않았다. 지붕은 있으나 사방이 열린 곳이었고 눈앞에는 푸른 바다와 자연스러운 아름다움을 간직한 해변이 펼쳐져 있었다. 딱 적당한 온도와 습도의 바닷바람이 불어와 머리칼과 목덜미를 부드럽게 어루만져 주었다. 눈을 어지럽히는 네온사인 같은 것은 하나도 없었다. 잠시 대화가 잦아들고 모두가 이 순간의 평화로움을 음미했다. 촬영팀은 우리 친구들이기도 해서, 이곳까지 오는 긴 여정으로 지친 몸을 쉬며 앉아 있으려니 '와… 우리가 정말 이 먼 곳에 함께 와 있구나.'하는 실감이 들면서 짜릿하게 기분이 좋아졌다. 피곤이 싹 가시는 듯했고 모든 게 완벽하게 느껴졌다. 그 순간이었다, 누군가 우리를 노려보고 있음을 깨달은 것은.

집요한 시선이 느껴져서 고개를 돌려보니 조금 떨어진 곳에서 꼼짝 않고 우리를 지켜보고 있는 존재가 있었다. 키가 50cm는 넘을 듯한, 다리가 길고 가느다란 새가 몹시 못마땅한 표정으로 우리를 쳐다보고 있었다. <월레스와 그로밋>에 나오는 악당 펭귄과 흡사한 서늘함이 있었다. 우리에게 위해를 가하지는 않았지만 얕보이면 덤벼들 것 같았다. 부시 스톤 컬루Bush Stone Curlew였다. 컬루는 마도요를 뜻한다. 부시 스톤 컬루는 호주 고유종으로, 이곳 모튼 아일랜드에서는 어쩐지 이 새들의 기세가 등등했다. 사람을 따라 레스토랑에 들어오기도 했고 괴상한 소리를 질러대기도 한다고 했다. 섬을 걷다 보면 곳곳에 부시 스톤 컬루가 있었고 눈이 마주치면 스나이퍼 같은 눈빛으로 우리를 고요히 노려보았다. 이 섬의 동식물들은 존재감이 상당했다. 모튼 아일랜드는 맹그로브와 산호초의 군락지이고 야생 돌고래뿐 아니라 바다거북도 언저리에 살고 있다. 혹등고래들이 지나가는 곳이며 수천 마리의 철새가 매년 찾아든다. 이곳에 사는 195종가량 새들의 보호구역이기도 하다. 섬 면적의 97%가 국립공원인 것이다.

액티비티가 시작되다

곧 쿼드바이크를 타러 갔다. 모래 위를 달리기엔 쿼드바이크만 한 것이 없다. 헬멧을 쓰고 사전 교육을 받은 뒤 쿼드바이크에 올라 시동을 걸었다. 가이드를 따라 바닷물에 면한 모래밭에서 간단히 S자 코스 연습을 했다. 코너링이 보이는 것만큼 쉽지는 않았다. 연습을 끝낸 후 모래 언덕을 올랐다. 안정성 있는 바퀴 네 개짜리 바이크인데도 경사진 곳을 달릴 때면 넘어질 것만 같았다. 점점 바이크 운전이 몸에 익자 속력을 높여 일부러 경사로를 비스듬히 타고 스릴을 즐기기도 했다. 그렇게 가이드를 따라가다가 어느 순간 시야가 뻥 뚫렸다. 햇살에 반짝이는 새파란 바다가 시원하게 내려다보였다. 어느새 꽤 높은 지대까지 올라온 거였다. 옆에 바다를 두고 온몸으로 바람을 맞으며 모래밭을 달리는 일은 신나는 경험이었다.

쿼드바이크에서 내리자 이어서 사막 사파리 투어를 간다고 했다. 사막으로 가는 버스를 기다리는 곳 옆에는 거대한 2층 구조물이 있었다. 벽이 없는 건물 같기도 한 그것은 옛날에 혹등고래의 껍질을 벗기던 곳이었다. 지붕에 해당하는 곳에 고래를 올려놓고 처리 작업을 했다는데, 그 규모가 엄청나서 고래의 크기를 상상해 보게 했다. 옛날에 읽었던 허먼 멜빌의 『모비 딕』에는 향유고래의 머리를 잘라 주둥이가 아래쪽으로 가도록 고정해두었는데 어떤 선원이 그 속에 가득한 고래 머릿기름에 빠져서 죽을 뻔하던 걸 건져내는 장면이 있었다. 성인 남자가 그 머리통에 빠지면 헤어나올 수 없는 크기라니, 책을 읽다 말고 그 스케일을 상상해보며 흐뭇해했던(?) 기억이 있다. 나는 인간을 조무래기로 만드는 거대한 존재들을 항상 좋아한다. 높은 산이든, 대양이든, 고래처럼 거대한 바닷속 포유류든 말이다. 나는 고래 해체 작업 건물을 보며 향유고래보다는 작지만 여전히 거대한 혹등고래의 크기를 가늠해보았다. 그리고 옆에 선 나의 작디 작음을 즐거워했다. 세상에는 이토록 거대한 존재들이 있다. 노래를 불러서 남반구에서 북반구까지 단번에 소식을 전할 수 있다고 하는, 상상력의 스케일까지 훅 넓혀주는 이 아름답고 거대한 존재들은 한때 이곳에서 무수히 죽임을 당했다. 1952년부터 1962년까지, 혹등고래들이 이곳을 지나갈 시기면 이 작업대가 24시간 운영되었다. 이곳에서 혹등고래 총 6,277마리가 가공됐다고 한다. 무자비한 포획 후 혹등고래의 수는 500마리가량으로 급격히 줄어들었다. 1963년 혹등고래 사냥은 호주 전 해역에서 금지되었다. 이후 이 지역을 리조트로 만들었는데, 그대로 남아 있는 '탕갈루마(물고기들이 모이는 곳)'라는 이름과 이 고래 해체 작업 건물은 이전의 역사를 기억하게 한다.

버스를 타고 모래섬의 깊숙한 곳으로 이동했다. 모랫길을 따라가는 거라 버스가 많이 뒤뚱거렸고, 양옆으로는 나무들이 울창했다. 갑자기 나무들이 모두 사라지고 넓은 공간이 나왔다. 사막이었다. 눈앞에 깎아내린 듯한 모래 언덕이 보였다. 언덕이라기엔 능선이 일직선이라 모래 벽이라고 하는 게 더 적절할 것 같았다. 하늘로부터 거대한 나이프가 내려와 버터를 뜨듯 모래를 떠낸 것 같았달까. 시키는 대로 버스 안에 신발과 양말을 벗어놓고 내려서 설명을 들었다. 우리가 할 액티비티는 샌드 터보거닝 Sand Tobogganing. 터보건은 눈썰매 같은 것이라고 생각하면 된다. 특별한 기술을 익히지 않고도 눈이나 모래 등의 경사면을 타고 미끄러져 내려가는 레저인데 우리가 탈 터보건은 단순해도 너무 단순했다. 그저 직사각형으로 길쭉한 널빤지일 뿐이었다. 얼굴이 까맣게 탄 중년 남성 가이드는 연신 농담을 섞어 유쾌하게 말했다. "이건 단순한 널

빠지가 아닙니다. 여기엔 시속 40km의 속력을 낼 수 있는 각종 하이-테크놀로지가 결합되어 있어요. 이렇게….”라면서 널빤지 뒷면에 촛농을 쓱쓱 발랐다. 그게 끝이었다. 잘 휘어지는 베니어판 같은 재질이라 엎드려서 앞쪽을 휘듯이 들어주면 경사면을 따라 휙 내려오게 되는 거였다. 그러나 내리막길이 있으려면 오르막길이 있는 법. 올라가는 데엔 촛농 같은 하이-테크놀로지도 따로 없었다. 저 높은 능선까지 옆에 널빤지를 끼고 걸어 올라가야 한다.

경사면은 넓었지만 중앙에 사람들의 발자국이 있는 곳을 따라 한 줄로 올라가야 했다. 사람들이 차곡차곡 모래를 밟아둔 곳이 아니면 다리가 푹푹 들어가 나중엔 빠져나오기 힘들어지기 때문이다. 모두가 한 줄로 서서 천천히(그 누구라도 여기선 빨리 올라갈 수 없다) 모래 언덕을 올라가는 동안 나는 카렌 블릭센의 책『아웃 오브 아프리카』에서 케냐의 원주민에 대한 구절을 떠올렸다.

'우리 백인은 장화 신은 발과 늘 서두르는 몸짓으로 아프리카의 풍경과 종종 충돌을 일으킨다. 그러나 원주민은 언제나 그것과 조화를 이루며, 몸이 홀쭉하고 피부와 눈동자가 검은 그들은 여럿이 길을 갈 때도 한 줄로 다녀서 도로라고 해봐야 좁은 길들 뿐이다.'

호주에 와서 아직 하룻밤도 자지 않았고 모튼 아일랜드에서도 한나절밖에 보내지 않았지만 다양한 동식물과 거대한 자연 속에서 우리 인간들의 발자취는 소박할 때 아름다운 것이라는 생각이 들었다. 한 걸음 올라가면 반걸음 도로 미끄러지는 속도감으로 영겁의 시간 끝에 드디어 능선에 도달했다. 바람에 깎인 사면은 예상보다 날카로운 엣지를 이루어서 그 위에 서 있기란 아찔한 일이었다. 하늘이 시원하게 눈에 들어왔고 세상은 단순하게 아름다웠다. 시키는 대로 널빤지 위에 엎드려 앞부분을 치켜들고 다이빙했다. 우와! 자연이 만든 모래 슬로프는 스릴 넘치는 속도감으로부터 마지막 완만한 경사를 통과해 출발했던 지점까지 부드럽게 도달하도록 섬세히 설계되어 있었다! 이 경사와 마찰력의 관계야말로 신이 만든 진짜 하이-테크놀로지라는 생각이 들었다. 벌떡 일어나 다시 한 줄로 대열에 섰다. 두 번째 탈 때는 속도감과 쾌감을 더 정확히 즐길 수 있었다. 나는 리프트도 없고 보호장구도 없는 이 단순한 널빤지 다이빙이 마음에 들었다. 내가 참 미물이라는 생각을 다시 한번 하며 쾌감을 느꼈다. 눈 언덕, 풀 언덕, 모래 언덕이 있으면 어떻게든 미끄러져 내리고 싶어하는 것도 인간들의 하찮고 귀여운 점이다. 몸을 이리저리 털고 버스에 올라탔지만 계속 어디선가 모래가 흘러나왔다. 귓속에서 백설표 황설탕 같은 모래가 약 1티스푼 나왔다. 양쪽 바지 주머니 속에서는 3테이블스푼씩 나왔다. 곳곳에서 모래가 나오는 현상은 약

3일간 지속되었다. 버스에서 내려 숙소로 걸어가는데 해가 저물어가는 아름다운 하늘에 펠리컨들이 한 줄로 날아다니고 있었다. 케냐의 원주민처럼, 아까 모래 언덕에서의 우리처럼.

나 야생 돌고래를 봤어!

각자 샤워 후 만나기로 한 6시 25분쯤 폭풍우가 몰려올 예정이라 돌고래 먹이 주기가 취소되었다는 통보를 받았다. 돌고래들이 이 앞에 와 있다는데 말이다! 아직 빗방울이 굵어지기 전이었다. 급히 달려갔지만 더 이상은 들어갈 수 없다며 제지당했다. 그 순간 바로 눈앞에서 바다 위로 내리꽂히는 강력한 쌍줄기 번개를 정면으로 보았다. 난생처음 보는 장관이었다. 빗방울이 후드득 떨어지고, 우르릉거리는 천둥소리, 거세지는 파도 소리 속에 펠리컨, 가마우지, 갈매기가 바람을 가르며 빙빙 날고 있었다. 돌고래 먹이를 가로채려는 거였다. 낮의 평화가 완전히 뒤집힌 것 같은, 압도적인 장면이었다. 야생 돌고래를 눈앞에서 볼 수 있는 기회를 놓친 게 아쉬워서 배회하고 있는데, 파도가 잦아들어 다시 돌고래 먹이 주기를 재개한다는 소식이 들렸다! 재빠르게 달려가 줄을 섰다. 돌고래 먹이 주기 프로그램은 차례차례 손을 씻고, 봉사자가 쥐여주는 생선을 아래로 던져주게 되어 있었다. 내려다봤더니 정말로 돌고래들이 거기 있었다! 내가 던져준 생선을 팅커벨(29세)이 먹었다! 팅커벨은 귀여운 아기 돌고래도 데리고 와 있었다. 돌고래들이 인간에게 의존하면 안 되기에 하루 식사량의 10-20% 정도만 준다고 했다. 커다랗고 아름다운 돌고래들이 '간식 먹으러 가자'라며 정해진 시간에 이곳에 온다는 게 아주 귀엽고 신비롭게 느껴졌다. 설명을 들을수록 야생 돌고래들의 행동이 길냥이들과 닮은 점이 많아 재미있었다. 이곳 직원들이 하는 일은 캣맘, 캣대디처럼 일종의 '돌맘, 돌대디' 활동을 하는 거였다. 표지판에는 돌고래 출석부가 있었다. 이곳에 드나드는 3대에 걸친 11마리의 돌고래들이 먹이를 먹으러 왔는지 안 왔는지를 매일 기록해둔 것인데, 돌고래들의 이름과 성별, 출생연도가 다 적혀 있다. 내가 먹이를 준 팅커벨은 1990년생으로 가장 나이가 많았고, 가장 어린 녀석들은 2019년에 태어난 커밋과 스카우트였다.

저녁으로는 그릴 레스토랑에서 거대한 플레이트에 가득 담겨 나오는 푸짐한 음식에 페퍼잭 와인을 곁들여 먹었다. 재료는 풍성했고 레시피는 단순했다. 마치 이곳처럼. 와인을 마시며 늦도록 탕갈루마 리조트에서 근무하시는 분들과 함께 이야기를 나누고 걸어서 숙소로 돌아왔다. 콩쥬님이라는 별명이 무색하게도, 나는 이날 베개도 베지 않은 채 눕자마자 깊은 잠에 빠져들었다.

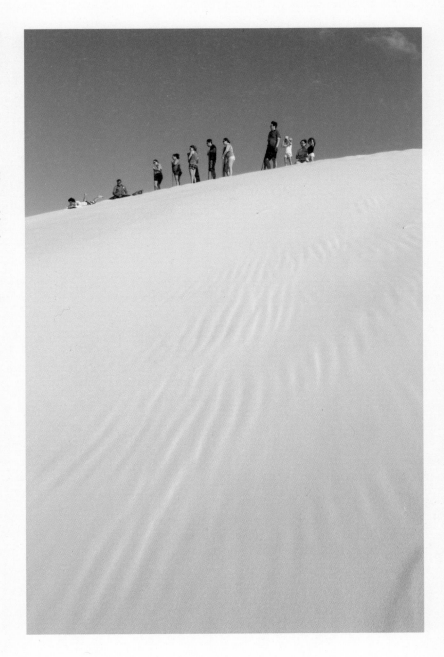

황금빛 도시 ——————————————————— 황

'살아 있는 초대형 그림엽서'로 표현되는 퀸즐랜드주는 지구 최대의 산호초 군락인 그레이트 배리어 리프부터 내륙의 열대 우림까지 다채로운 자연 지형을 포함한다. 골드코스트는 그 가운데서도 닮은 데를 찾기 힘든 독특한 도시일 것이다. 수평으로 쭉 뻗은 해안선, 수직으로는 높이 들어찬 고층 빌딩들이 이 도시의 그리드를 꽉 채운다. 호주 전체에서 가장 빠르게 인구가 늘어나고 있는 도시이며, 부동산 가격 급등을 여러 차례 겪은 지역이기도 하다. 1980년대 이후로 초고층 빌딩들과 다양한 테마파크가 앞다투어 지어졌고 2005년에 Q1 타워가 완공되면서 현재 모습과 가까워졌다고 한다. 골드코스트 어디에서도 모습을 확인할수 있는 가장 높은 빌딩인 Q1은 퀸즐랜드주 넘버원이란 뜻으로, 세계에서 두 번째로 높은 주거용 건물이다(1위는 두바이의 부르즈 할리파다). 이번 여행 전에는 상상하지 못했다. 내가 이런 건물 꼭대기를 발로 걸어 올라가게 될 줄은.

스카이 포인트 클라이밍

여행이란 나 자신을 낯선 환경 속에 던져놓고 어떻게 반응하는지 보러 가는 일이다. 거꾸로 예측 가능한 환경에서 나에게 최적화된 즐거움을 추구하러 가는 행위이기도 하다. 모든 일이 기대대로 진행되지는 않는다는 사실, 어떤 경험도 단정하거나 장담할 수 없다는 점, 심지어 나 자신조차 내가 예상한 것과 다른 사람일 수 있다는 빈틈들을 기꺼이 껴안을 때 여행은 훨씬 흥미진진해진다. 관광청에서 제안해주는 코스, 추천받은 액티비티들로 일정을 구성한 이번 호주 퀸즐랜드주 출장 같은 경우에 특히 그 틈에서 발생하는 재미가 컸다. 초고층 건물 꼭대기로 난 야외 계단을 걸어 올라 전망을 감상하는 프로그램인 스카이 포인트 클라이밍(@skypoint_au)은 상상할 때보다 실행이 훨씬 즐거웠던 대표적인 예다. 2백몇십 미터 아래로 펼쳐진 풍경이 골드코스트가 아니라 다른 도시였다면, 그 재미는 덜했을 것이다.

엘리베이터를 타고 77층 전망대로 올라가기 전, 먼저 1층에서 만반의 준비를 마쳐야 한다. 골드코스트 어디에서도 플립플랍이 코디의 완성이겠지만, 여기에서만은 사방이 막히고 바닥이 부드러운 신발이 필수다. 참가자의 건강 상태에 대해 꼼꼼하게 체크하고, 안전장치도 더 이상 철저할 수 없이 여러 차례 점검하는 모습에 신뢰가 갔다. 클라이밍을 위해 지급되는 회색 점프수트로 갈아입고 모인 우리 일행은

<캡틴 마블>의 캐롤 댄버스 같다며 즐거워했다. 그 유니폼 위에다 어깨와 허리, 엉덩이와 허벅지까지 연결하는 안전띠를 단단하게 착용한다. 등산할 때 자일로 몸을 고정하는 것처럼, 이 안전띠 가운데 배꼽 부위와 건물 난간에 설치된 레일을 묵직한 철끈으로 연결한 채 이동하게 되는 것이다. 준비를 완료한 우리는 순전히 복장에서 비롯되는 비장한 기분을 안고 클라이밍 임무를 완수하기 위해 이동했다. 순식간에 귀가 먹먹해지는 고속 엘리베이터를 타고 올라간 전망대는 엘리베이터를 중심에 두고 빙 둘러서 360도 주변 풍경을 감상할 수 있었다. '그냥 여기서 봐도 충분히 멋진데?' 싶은 생각도 조금 들었지만, 촬영을 위해 77층에 남기로 한 신해수 작가, 경성원 실장님의 열렬한 배웅에 힘을 내며 육중한 유리 벽 바깥으로 걸음을 내디뎠다.

　　스카이 포인트 전망대는 길쭉한 달걀 형태로 솟은 계단을 오른편으로 올라 편평하게 생긴 정상에서 잠시 머무르며 여러 방향을 조망한 다음 다시 맞은편 왼쪽으로 내려오게 되어 있는 구조다. 계단 난간에 한 명씩 안전 레일로 연결되어 있기에 차례로 이동해야 한다. 전망대는 전체가 튼튼한 철골로 되어 있어 시야를 막는 면이 적었다. 심지어 계단마저도 발아래가 얼핏 보일 정도다. 처음 계단 출발지점에 섰을 때는 고소공포증이 없음에도 어지러운 느낌이 들고 다리가 후들후들 떨렸다. 하지만 가이드의 안내에 따라 한 발 한 발 차분히 올라가면서 교감신경

도 점차 적응했는지 보내오는 신호가 공포에서 차츰 기분 좋은 흥분으로 바뀌었다. 오른쪽 계단을 절반가량 올라갔을 때는 제법 여유가 생겨서 발아래를 내려다보거나 몸을 회전시켜 가며 여기저기를 살펴볼 용기가 났다. 멀리 미니어처같이 조그만 도로와 자동차, 건물과 사람들이 꼬물대고 있었다. 특히 빌딩이나 아파트마다 곁에 딸린 푸른색 사각형들이 경쾌했다. 수영장이었다. 그리고 마침내 꼭대기에 도착해 사방을 살필 수 있게 되었을 때, 눈앞을 가득 채운 바다가 우리를 기다리고 있었다. 부산 출신으로 해수욕장 옆에서 자란 김하나와 나는 바다를 친숙하게 여기며, 여행을 가도 바닷가 도시를 좋아한다. 골드코스트의 직선적인 해안, 멀리 뻗은 남태평양을 시야에 가득 담으면서 지금까지 바다를 이런 앵글에서 바라본 적은 한 번도 없다는 걸 깨달았다. 거대한 바다에서 아주 작은 파도들이 여러 겹으로 쉬지 않고 밀려왔다. 1년에 몇 번은 고래가 뛰어오르는 걸 볼 수 있다는데, 나는 그런 행운을 누리는 사람들에게 너무 질투가 났다.

　　유리 벽 한 장의 차이는 컸다. 전망대 안에서 바라보는 풍경이 브라운관 TV라면 스카이 포인트에 올라서 퀸즐랜드주의 선명한 햇살 아래 빛나는 도시를 맨눈으로 본다는 건 OLED 8K 영상이었다. 게다가 어떤 해상도 높은 영상에서도 느낄 수 없는 입체적인 바람이 몸을 휘감았다. 전망대 정상에 도착했을 때, 난간을 잡은 손을 놓은 다음 양팔을 넓게 펼치고 뒤로 눕듯 몸을 늘어뜨려보았다. 배꼽 근처와 전망대를 연결한 안전 레일에만 의지한 채 온몸을 바다로부터 불어오는 바람 속에 맡겼다. 발바닥과 배가 간질간질하며 손바닥에서 땀이 났다. 굉장한 자유로움을 느껴볼 수 있는 경험이자 훌륭한 인증샷을 남길 수 있는 포즈였다.

바다 반대 방향으로 몸을 돌려봐도 온통 물이어서, 생선 뼈나 잎맥처럼 생긴 운하가 도시 곳곳을 채우고 있었다. 골드코스트에서는 정박되어 있는 요트라든가 수로를 앞에 둔 저택을 흔히 볼 수 있으며 많은 동네가 크고 작은 교각으로 연결된다. 서쪽으로 향하는 네랑강 주변 땅은 넓은 습지였는데, 현재는 운하로 정비해서 도시 전체의 물길을 합치면 베니스의 9배나 된다고 한다. 구석구석을 녹화하듯 눈에 담다가 계단을 다시 내려와야 할 때는 한 걸음 한 걸음 줄어드는 게 아쉽게 느껴졌다. 야외 전망대에 너무 오래 머무르다가는 분비되는 아드레날린의 총량에 문제가 생기겠지만, 다시 두터운 유리 벽 안으로 돌아와서도 바깥 풍경에서 오래 눈을 뗄 수 없었다. 나도 모르게 계단 위에서 느낀 그 바람의 감각을 곱씹는 것 같았다.

황금 해안의 비밀

여행을 떠나기 전에는 소개팅을 앞둔 마음이 된다. 몇 가지 제한된 정보를 가지고 실체를 상상해보는 것이다. 골드코스트라는 이름에 대해서도 그랬다. 황금 해변이라니 어떤 스토리가 숨은 지명일까? 혹시 골드 러쉬 시대에 사람들이 모여든 도시의 역사가 있나? 1850년대부터 1910년대 사이 호주에서 금광을 캐기 위한 노동자들이 붐을 이룬 것은 사실이지만 그 지역은 퀸즐랜드주 남쪽인 뉴사우스웨일스주와 빅토리아주에 모여 있다고 하니 골드코스트는 해당 사항이 없다. 19세기 말부터 브리즈번 상류층들의 별장 휴양지로 개발되어 '사우스 코스트'라고 불리던 이 지역은 부동산 가격 급등을 겪으면서 1950년부터 별명처럼 골드코스트로 불리기 시작했다고 한다. 개척시대의 흥미진진한 스토리를 상상했는데 단지 값이 비싸서 골드라니 약간 맥이 빠졌다(이곳 주민들도 처음에 그 명칭에 대한 반발이 심했다고 한다). 그런 식이라면 강남은 금남, 용산은 금산으로 이름을 새로 붙여야 할 텐데…. 골드코스트에도 한국의 강남처럼 학군이나 생활 인프라 같은 특별한 뭔가가 있는 걸까? 관광객의 눈으로 알아채기 힘든 복합적인 요소들이 작용할 것이다. 기본적으로 부자들의 휴양지라는 점을 제외하면 일터와 가깝고 자연 속에 휴식하기 좋아서가 아닐까 싶었다. 골드코스트 주민들은 대도시의 편리함 속에 물의 낭만, 바다라는 복지를 한껏 누리며 사는 것으로 보였다.

서퍼들이 많이 모이는 벌레이 헤즈는 그런 여유가 두드러진 곳이었다. 벌레이 파빌리온(@burleighpavilion)이라는 근사한 식당에서 점심 식사까지 예약 시간이 조금 남아 우리는 근처의 존 로스 파크^{John Laws} Park에서 시간을 보냈다. 햇살은 따사롭지만 바람이 꽤나 불어서 그늘에 앉으면 서늘하게 느껴지는 날씨였다. 물론 아랑곳하지 않는 서퍼들은 웻수트도 입지 않은 채 파도를 타고 있었고, 사람들은 잔디밭에 여기저기 드러누워 햇볕을 쬐었다. 유럽 어디로 여행을 가도 내가 좋아하는 장소는 사람들이 여기저기 아무렇게나 드러누워 서로 무관심하게 자기 할 일을 하고 있는 공원이다. 하지만 구경하는 게 좋을 뿐, 나는 그런 데 가서 잘 눕지는 못하는 편이다. 같은 상황이면 일단 드러눕고 보는 편인 김하나가 외쳤다. "한번 누워봐! 앉아서 바람을 맞고 있을 때보다 누우면 훨씬 따뜻해!" 따라서 누워봤더니 신기하게도 바람은 사라지고 풀 위의 온기가 온몸으로 전해지면서 몸이 덥혀졌다.

도시양봉을 하는 호텔 VOCO

골드코스트는 퀸즐랜드주에서도 전통적인 휴양도시라 오래전부터 운영해 온 전통 있는 호텔들이 많은 가운데, 공간과 브랜딩을 새롭게 리뉴얼한 곳들이 생겨나는 중이다. 우리가 머물렀던 호텔 VOCO 골드코스트(@vocogoldcoast)도 그런 곳이었다. 서퍼스 패러다이스 지역 해밀튼 애비뉴에 위치한 VOCO는 IHG^{Intercontinental Hotels Group} 소유의 4성급 호텔로, Q1 빌딩과는 길 하나를 사이에 두고 있다. 노란색을

모티브로 한 브랜드 아이덴티티가 젊고 산뜻하게 느껴졌다. 쾌적하고 모던한 객실에 편리한 위치, 세련된 식당과 풍부한 조식 등 휴양지 숙소에 기대하는 기본에 충실한 곳이었다. 이곳의 레스토랑인 클리포즈 그릴 앤 라운지(@cliffordsgrillandlounge)에서 홍보담당자 아만다 추 씨와 함께 식사를 했다. 타이베이 출신으로 호주 유학 이후 호텔 업계에서 일해온 그녀는 우리 책 『여자 둘이 살고 있습니다』의 대만판이 곧 나온다는 소식을 흥미로워했다. 저녁식사에서 인상적이었던 것은 이곳의 시그니처 디저트인 '밤 알래스카Bombe Alaska'였다. 케잌 시트 위에 아이스크림을 올리고 머랭으로 감싼 다음 플람베한 반원 주변으로 캬라멜 팝콘을 곁들이는, 달콤함의 끝판왕 같은 메뉴다. 아이스크림 안에 들어 있는 벌꿀을 맛보는데, 아만다가 호텔 옥상에서 직접 기르는 벌에서 채취한 것이라는 설명을 해줬다. VOCO에서는 벌꿀뿐 아니라 천연 밀랍으로 만든 초를 판매하고 있기도 해서, 호텔 스테이를 기억하기에 좋은 기념품 같았다. 기후변화로 인해 꿀벌의 개체 수가 감소하고 있는 것에 대한 우려를 많이 들어왔는데, 호텔에서 이렇게 도시양봉을 실험하고 있다는 점이 신선하게 다가왔다. 도시라고는 해도 녹지가 많은 골드코스트는 벌들이 살아가기에 괜찮은 환경이라고 한다. 그 이야기에 이 호텔의 상징 컬러인 노란 바탕과 검은 글씨도 꿀벌의 색과 겹쳐 보였다.

VOCO에서 저녁을 먹기 전, 아찔한 스카이 포인트에서 내려온 다음에는 땅바닥의 안정감과 바다 뷰를 충실히 느껴보고 싶었다. 나만 그런 마음은 아니었는지, 근처의 서퍼스 패러다이스 해변을 산책하자는데 모두가 동의했다. 게다가 전망대에서 내리쬐는 직사광선을 온몸으로 받아낸 덕분에 시원한 맥주가 간절하기도 했다. 바닷가의 펍에 자리를 잡은 우리 일행은 퀸즐랜드주에서 생산하는 포엑스XXXX, 역시 호주 브랜드인 투헤이Toohey, 빅토리아 비터VB, Victoria Bitter 같은 생맥주를 각기 고른 다음 빠르게 수분과 행복감을 충전했다. 두 번째 잔이 바닥을 보였을 때쯤에는, 지는 해를 즐기러 갈 에너지가 넉넉했다. 스카이 포인트는 그날의 티켓을 가지고 있는 사람에게는 재관람할 수 있는 혜택을 주기 때문에 다른 시간대에 이 도시를 다시 들여다보는 일이 가능하다. 한낮에 전망대에 올랐을 때는 사방이 또렷하게 밝았는데, 일몰에 맞춰서 가니 매력적인 음영이 서서히 깃들고 있었다. 해가 서쪽으로 넘어가면서 도시를 구불구불 돌며 뻗어있는 강과 운하에 빛의 조각들이 눈부시게 부서졌다. 물에 비친 석양의 반영은 골드코스트를 그야말로 황금빛으로 물들였다. 며칠 뒤 새벽에 해 뜨는 걸 보러 가서는 반대편의 동쪽 바다에서 해가 떠오르며 황금빛으로 물드는 걸 목격할 수 있었다. 일몰과 일출의 황홀함이 금빛으로 남았다. 유래가 어쨌건 간에 이제 나에게 골드코스트는 일렁이는 태양빛의 금색으로 기억되는 이름이다.

삶이 문밖에 있는 곳 ──────────────── 김

　　골드코스트에서 일출을 찍으러 갔을 때였다. 새벽 4시 반에 일어나 패딩을 입고 나섰다. 9월 중순, 이곳은 봄이었지만 아직 새벽은 쌀쌀했다. 벌레이 헤즈 근처 해변에 도착했을 때는 아직 어두웠고 인적이 드물었다. 조금씩 하늘이 밝아오자마자 어디선가 사람들이 나타나기 시작했다. 달리는 사람들이 해변에 바늘땀 같은 발자국을 남기며 뛰었다. 우리가 입은 패딩이 무색하게, 서퍼들이 보드를 들고 하나둘씩 바다로 들어갔다(누가 서퍼들을 한량이라 하는가. 그들은 세상 부지런한 사람들이다). 개 산책시키는 사람들이 나타났다. 매일 오는 것 같았지만 매번 처음 보는 듯 바다를 보고 흥분해서 뛰어다니는 개들은 참 행복해 보였다. 프렌치 불독 두 마리가 내게 황급히 달려오더니 내 손에 흥건하게 침을 바르고 내 허벅지에 모래 발도장을 쾅 찍고는 이제 볼일이 끝났다는 듯 또 부리나케 달려갔다. 개들이 서로 만나 인사를 나누고 신이 나서 모래를 파고 함께 뛰어다녔다. 우리의 촬영용 드론을 활력 넘치는 새와 개들이 번갈아 공격했다. 이어서 수영인들이 나타났다. 타인의 시선을 전혀 신경쓰지 않고 산책이나 러닝을 하듯, 그저 수영을 하고 싶어서 오는 사람들이었다. 혼자 오는 사람도 많았다. 아직 해가 완전히 떠오르기 전이었지만, 해변은 이미 분주하고 활기가 넘쳤다. 그 모두를 가만히 지켜보는 것만으로도 가슴 속에 좋은 기운이 차오르는 것 같았다.

촬영을 끝내고도 여전히 이른 아침이었다. 차를 타러 길을 건너는데 이제 막 주택가 쪽으로부터 경쾌한 발걸음으로 내려와 바다로 향하는 한 남자가 보였다. 혼자였고, 야구모자를 쓰고 티셔츠에 편안한 반바지 차림, 그리고 맨손이었다. 그의 몸에 밴 자연스러움이 부럽다는 생각이 들어서인지 그 장면이 이상하게 또렷이 기억에 남아 있다. 이번 여행에서 나는 '아웃도어'라는 말을 내내 생각했다. 아웃도어. 우리나라에서는 알록달록한 기능성 의류와 신발이 먼저 떠오르는 말이지만 이곳에서는 의미가 전혀 다르게 다가왔다. 아웃도어는 말 그대로 해석하면 문밖이라는 뜻이다. 이곳의 삶은 문밖에 있는 것 같았다. 호주에서 오래 살다가 한국에 온 친구가 정말 맞는 표현이라고 맞장구를 쳐주었다. 광대하고 깨끗한 자연이 문밖에 펼쳐져 있기 때문에 사람도 개들도 그냥 밖으로 나가는 것이다. 남들 보기에 힙하고 멋진 취미로서가 아니라, 근사한 파도와 햇살과 바람이 밖에 있으므로 나가는 게 자연스럽고 당연한 것이다. 모튼 아일랜드에서 배를 기다리던 아이들이 능숙하게 끌고 다니던 조그마한 여행가방이 떠올랐다. 투움바 퀸즈파크에서는 네다섯 살이나 됐을까 싶은 아이들이 작은 캠핑의자를 스스로 펴고 인형과 함께 앉아서 저녁이 되도록 어른들과 어울렸다. 삶이 자연스럽고 엄연하게 문밖에 있다고 느끼며 자라는 아이들은 아마도 더 건강하고 행복할 것이다.

액티비티의 즐거움에 중독되다

호주 퀸즐랜드주에서 초대한 이번 여행 일정은 아웃도어, 즉 문밖의 삶을 더욱 진하게 느끼도록 해주었다. 우리가 직접 여행 계획을 짰다면 가장 액티브한 행위라 해 봐야 긴 산책이나 수영 정도가 아니었을까? 그런데 이번 여행은 온갖 액티비티로 가득 차 있었다. 쿼드바이크 타기, 샌드 터보거닝, 스카이 포인트 클라이밍, 서핑, 패들보딩, 실내 스카이다이빙, 수영, 전기자전거 타고 도시 한 바퀴 돌기… 이건 뭐 육해공을 다 섭렵했다고 하겠다. 안타깝게도 나는 발목 부상으로 서핑은 못했지만. 처음에는 이런 액티비티를 즐기는 편도 아닐뿐더러 새벽부터 일어나 움직이려니 안 그래도 힘든데 온몸 여기저기가 뻐근하기까지 해서 적응이 잘 안 됐다. 하지만 모든 여정을 마칠 때쯤엔 놀랍게도 액티비티의 즐거움에 살짝 중독된 듯한 느낌마저 들었다. 다양한 탈것에 올라 온몸으로 바람과 진동을 느끼며 물리적으로 그곳을 관통하는 행위들. 물에 들어가고 높이 올라가고 미끄러져 내려오고 안 쓰던 근육을 움직이며 나의 육체에 다양한 경험을 새기는 일들. 밤에 숙소 침대에 누우면 그날 느꼈던 새로운 감각들을 처리하느라 뇌가 분주했겠으나 그마저 피곤한 몸이 쓰러져 잠드는 바람에 알 겨를이 없었다. 여행가방 안에 모래가 이리저리 쓸려 다니고 옷은 걸핏하면 물에 젖고 땀에 절었지만 신경 쓰이지 않았다. '콩쥬님'으로서는 굉장한 변화였다. 퀸즐랜드주에서의 하루하루는 단순하고 즐겁고 건강했다.

열거한 액티비티 중 가장 독특한 것은 실내 스카이다이빙이었던 것 같다. 음… 그렇다. 우리는 무려 실내 스카이다이빙까지 했다. 그에 대해 궁금해하실 분들을 위해 잠깐 설명을 드리겠다. 골드코스트에 있는 iFly(@iflygoldcoast)라는 실내 스카이다이빙 체험장에 갔다. 가는 길에 사진을 찾아봤더니 체험장은 커다란 원통형 유리관 같은 모습으로 생겨서, 마치 이종격투기 시합장처럼 그것을 둘러싼 사람들이 지켜볼 수 있게 되어 있었다. 아래에서 강한 바람을 쏘아 올려 사람을 허공에 날게 하는 원리다. 터치스크린으로 여러 질문 항목에 대답하고 등록을 한 뒤 비디오 교육을 받았다. 턱을 들고, 팔과 다리를 펴서 벌리고, 무엇보다도 '릴렉스'하는 게 중요하다고 했다. 아, 그리고 '스마일'을 잊지 말라고도 했다. 바람 소리 때문에 지시가 들리지 않으니 수신호를 잘 보라고 했다. 유니폼을 입고 귀마개를 삽입한 후 헬멧과 일회용 고글을 썼다.

황선우의 차례가 되었다. 요컨대 중력과 풍력 사이에서 균형을 잡는 게 관건이었다. 코어 근육의 아이콘인 황선우는 균형을 잘 잡았지만 입을 앙다물고 있어 긴장한 듯 보였고 볼살이 바람에 심하게 떨렸다. 내 차례가 되어 유리관 안으로 들어가는 순간, 아, 이게 보기보다 쉽지 않구나 싶었다. 바람의 힘이 너무 세어서 숨쉬기가 힘들었고 내 의지와 다른 방향으로 몸이 떠 갔다. 어떤 면으로는 고행에 가깝다는 생각이 들었다. 1분은 긴 시간이었다. 왼쪽 오른쪽으로 턴을 해보라는 말에 시도하다가 일순간 균형을 잃고 뒤집어져 바닥에 등을 대고 떨어졌다가 '보잉~' 튕겨서 다시 올라왔다. 그런 수모를 겪으면서도 나는 앞니를 톡 드러낸 채 웃고 있었으니 참으로 교관의 말을 잘 듣는 사람이다. 두 번째 다이빙에서는 유리관에 입장할 때 바람을 믿고 몸을 던져 들어오라고 했다. 그것은 멋지게 잘 해냈다. 옛날에 내 의지와 상관없이 번지점프를 해야 했던 적이 있었는데 그때도 나는 0.1초도 망설이지 않고 몸을 던졌었다. 뒷일은 모르겠고 일단 몸을 내맡기는 건 잘하는 편이다. 실내 스카이다이빙에서 가장 재미있었던 건 이 순간이다. 어릴 적 아빠가 받아줄 때 빼고 성인이 언제 허공에 몸을 날려 보겠는가. 자유자재로 바람을 타는 데 익숙한 인스트럭터의 도움으로 천장 끝까지 올라갔다가 바닥으로 떨어지는 '점프'도 여러 번 했는데, 그것이야말로 내가 할 때는 고생스럽지만 남이 할 때는 너무너무 재미있어 보이는, 신기한 활동이었다.

들어가기 전 터치스크린에서 체크해야 할 문항에 '탈골된 적이 있습니까?'라는 질문이 있어 'No'라고 답했었다. 실내 스카이다이빙을 끝내고 난 뒤 다시 답한다면 'Maybe'라고 쓸 것 같았다. 어깨가 뻐근하게 아팠다. 시간이 지나니 갈비뼈 쪽도 욱신거렸다. 하늘을 높이 날고자 욕망했던 이카로스의 고통이 이런 것인가…. 그렇다면 이 액티비티의 효용은 무엇일까? 그것은 사진이었다. 인스트럭터의 웃으라는 지시는 유용했다. 사진 속의 사람은 내가 봐도 일생에 남을 체험을 하며 너무도 즐거운 시간을 보내고 있는 것 같았다. 앞니도 톡 튀어나온 것이, 망원동 날다람쥐라는 별명을 붙여도 손색이 없을 사람 같았다. 원고를 쓰는 지금 돌이켜보면 실내 스카이다이빙도 참 다시 없을 경험이었다. 짧은 여행 기간에 많은 액티비티를 하며 이렇게 다양한 감각을 느껴볼 수 있게 해준 퀸즐랜드주 관광청에 고마운 마음이다.

호주에서는 가져간 책들을 거의 읽지 못했다. 여행지에서 책을 읽는 것은 나의 오랜 기쁨이지만, 시간도 없었을뿐더러 가만히 앉아 책을 읽을라치면 몸이 노곤해서 꾸벅꾸벅 졸기 일쑤였다. 호주에서 돌아오자마자 내가 맡은 팟캐스트 '책읽아웃'[01] 준비며 이곳저곳에 밀린 일들을 하느라 분주히 읽고 쓰고 열심히 머리를 굴렸는데, 읽고 쓰고 듣고 말하는 나의 직업을 참 좋아하지만 머리나 입보다는 몸으로 구르고픈 마음이 불쑥불쑥 들었다. 자려고 누우면 별다른 생각도 고민도 없이 스

01. 온라인서점 예스24의 도서 팟캐스트로 2021년 9월까지 진행을 맡았다.
지금은 황선우와 둘이서 팟캐스트 '여둘톡: 여자 둘이 토크하고 있습니다'를 새로 시작했다.

위치를 내리듯 잠에 빠져들던 날들의 미덕. 맘껏 뛰어놀고 난 아이들이나 강아지들처럼 에너지를 다 쓴 뒤 단순한 기쁨 속에 저무는 하루. 문밖에서의 삶을 누리던 퀸즐랜드주에서의 리듬을 한국에서 이어가보려고도 했는데, 상황이 너무도 달랐다. 미세먼지나 혹독한 날씨, 녹지 부족 등등도 그랬지만 무엇보다도 인구밀도가 다른 것이 크나큰 차이였다. 안타깝게도 우리나라에서 문밖의 삶은 치임의 연속이 되어버리기 쉽다.

고 정기용 건축가가 쓴 「나의 집은 백만 평」이라는 글이 있다. '내가 산책하는 곳, 내가 집에 들어올 때 걸어가는 골목, 이 모든 것이 나의 집이다. 집을 이렇게 확장해 생각해야 한다'는 게 정기용 건축가의 철학이었다. 문 안이 아닌 문밖을 많이 생각하게 하는 말이다. 이 책을 쓰면서 퀸즐랜드주 여행 사진들을 다시 들춰보는 동안, 문밖을 돌아다니며 내 몸속 어딘가에 잔뜩 저장해둔 그곳의 햇볕이 다시 밝고 따뜻하게 데워지는 듯해서 기분이 좋았다. 햇볕을 쬐러, 파도를 타러, 걷고 뛰러 나오는 사람과 개들의 모습도 같이 떠오른다. 한국에 와서 겨울이 시작되고 집안에 틀어박혀 원고를 쓰고 책을 읽으며 사는 동안 콩쥬님에겐 또 불면이 찾아오고 자주 리듬을 잃는다. 퀸즐랜드주의 단순하고 거대하고 자연스러운 건강함이 그리워지는 계절이다. 이제 브리즈번뿐 아니라 골드코스트까지 직항도 생겼으니 언젠가 꼭 다시 그곳을 찾고 싶다. 삶이 문밖에 있는 곳, 퀸즐랜드를.

9

낙원에서의 서핑 ——————————————— 황

부산 출신인 나는 바닷가 도시 특유의 개방성을 친근하게 느낀다. 그 가운데서도 서퍼들이 모이는 해변에 맴도는 유독 특별한 바이브가 신난다. 가봤던 서핑 해변들의 분위기를 회상해보면 대체로 이렇다. 바다를 향해 문을 활짝 열어둔 서프숍들, 물놀이 뒤의 허기를 달래 주기 위해 기다리는 푸드트럭, 피자나 핫도그와 함께 맥주를 파는 바에는 어디든 격의 없는 환대와 기분 좋은 활기가 흐른다. 가게 바닥에는 여기저기 하얀 모래가 흩어지고 쌓여 비정형의 무늬를 만든다. 해수욕객들의 플립플랍 바닥이며 정강이에 붙어온 모래알이다. 알록달록한 트로피컬 패턴의 커튼은 강한 햇살에 색이 바랜 채로 미풍에 흔들린다. 천장 위에 서프보드를 싣고 다니는 낡은 SUV의 창문 틈으로 새어 나오는 1990년대 힙합이 그 바람을 타고 들려온다. 발리의 꾸따, 강원도 양양 죽도 해변, 하와이의 와이키키… 서핑을 경험했던 지역에는 이런 공통 DNA가 있었다.

반쯤 벗고 반쯤 걸친 웻수트에서 물을 뚝뚝 흘리면서 길을 걸어

다니는 사람들의 머리칼은 젖은 채로 헝클어져 있고, 살갗이 저마다의 그러데이션으로 그을려 웃는 입에서 빛이 난다. 많이 움직여 탄탄한 몸이고, 집요한 시선에서 자유로운 비키니 차림이다. 칼로리에 전전긍긍하며 관리한 몸보다는 바닷바람에 깎여나간 것처럼 터프하게 조각된 몸이다. 파도 위에서 만난 사람들끼리는 직업이나 나이, 직위도 상관없이 친구가 된다고 들었다. 큰 바다 앞에서 모두가 평등하게 작은 존재이기 때문에. 모든 것은 파도의 결정, 좋은 파도가 찾아오면 바다로 나간다. 파도가 허락해주면 더 즐길 수 있지만, 그렇지 못하면 물러나 기다릴 줄 알아야 한다. 서핑을 삶의 중심에 놓고 지내다 보면 겸허해질 수밖에 없을 것 같다. 말갛게 비어 있는 서퍼들의 표정은 날씨만큼이나 따사로운 분위기를 만드는 데 한몫한다. 바다 옆에 머무는 순간, 이들의 가장 큰 욕심은 좋은 파도 외에는 없을 것이다.

서퍼들이 모여드는 어느 해변에 가도 공통되게 흐르는 이 분위기를 좋아한다. 서핑을 좋아한다고까지 말할 수 있으면 좋겠지만 몇 번 경험이 있을 뿐 아직 여유롭게 취미 삼는 수준에 도달하지는 못했다. 그래도 상관없다. 파도를 잡아타 일어서면 신이 나고, 균형을 잡다가 고꾸라져도 그저 웃음이 난다. 영원히 초보겠지만(14살 이후에 처음 서핑을 시작한다면 평생 초보에서 벗어나기 어렵다는 말도 있다) 파도가 특산물이라는 지역에 가게 될 때면 꼭 서핑 수업을 신청해보는 건, 현지 음식을 맛보는 것과 다를 바 없이 서프 문화를 경험하는 게 그 여행지의 어떤 정수를 맛보는 일이라고 생각하기 때문이다. 서울에서도 매주 요가 수업을 받지만, 발리의 우붓이나 인도 리시케시 같은 곳에 여행을 간다면 현지 요가 클래스를 놓칠 수 없는 것과 비슷하다. 겁 없이 새로운 음식을 먹어보는 시도가 내 미각뿐 아니라 상상력, 문화적 이해까지 풍부하게 해주는 것처럼, 몸의 다양한 기관과 감각을 사용하는 액티비티 역시 나를 물리적 화학적으로 바꾸어놓는다고 믿는다. 몇 년에 한 번씩의 경험으로 서핑 실력이 축적되지는 않지만 적어도 짧은 시간에 그 지역의 문화 깊숙이 들어가 볼 수 있다. 서핑을 배우지 않는 여행자들이라 해도 이런 해변에서 머물 때면 서핑하는 사람들에게서 번져 나오는 특유의 자유로운 분위기로부터 수혜를 입는다.

서퍼들의 성지 골드코스트

골드코스트에는 그냥 서퍼스 비치도 아니고 '서퍼스 패러다이스'가 있다. 얼마나 더 낙원 같다는 얘기일까 궁금했는데, 우선 크다. 골드코스트 지형 자체가 직선에 가까운 해안을 따라 생겨난 도시라서, 해변도 시원스럽게 쭉 뻗어 있다. 이쪽 끝에서 저쪽 끝까지, 가슴을 툭 트이게 하는 길고 넓은 해변은 서퍼들에게만 낙원이 아니라 해안선을 따라 달리기를 하는 러너들, 여유롭게 살갗을 태우는 사람들, 개를 데리고 산책하는 사람들 모두에게 열려 있다. 낙원에 어떤 운영 지침이 있다면 분명 좁고 배타적인 방향은 아닐 거라는 데 수긍하게 된다. 게다가 해변 바로 뒤 배경으로는 엄청나게 높은 빌딩들이 서 있다. 서핑으로 유명한 어느 곳보다 도심과 가까이 있고, 그런 면에서 어디와도 다른 개성이 발생한다. 상당히 비현실적이기도 하다. 서핑이란 분명 내가 빠져나온 대도시에서의 밥벌이와는 여러모로 대척점에 있는 행위인데, 내가 빠져나온 곳과 닮은 대도시 풍경을 배경으로 서핑하는 사람들이 있다는 게 아이러니를 일으킨다. 한 빌딩에서 다른 빌딩으로, 모두가 손에 테이크아웃 커피잔을 들고 한 방향으로 뛰어가는 곳에서는 그게 어딘가 이상한 광경이라는 걸 전혀 느끼지 못한다. 누군가는 수건을 넓게 펼쳐놓고 엎드려 책을 읽고, 누군가는 자꾸만 뒤집어지는 보드에 배를 깔고 팔을 저어 자꾸만 바다로 나아가는 모습을 보고 있노라면 저런 속도로 사는 게 자연스럽게 보이는데 말이다.

　　서퍼스 패러다이스의 이름대로 골드코스트는 사철 좋은 파도를 따라 세계 최고 서퍼들이 모여드는 성지다. 물론 당신이 그런 서퍼는 아닐 가능성이 높지만, 그렇다 해도 괜찮다. 세계 최고의 서퍼들이 머무르며 일하고 서핑을 가르치면서 돈을 벌어 스스로 파도를 타는 곳이 여기라는 의미는, 당신이 그들에게 서핑을 배울 수 있는 확률이 높다는 뜻이니까. 우리 일행의 서핑 수업이 예약된 곳은 서퍼스 패러다이스 해변의 북쪽 끝, 길쭉하게 튀어나온 형태로 생긴 '더 스팟' 바닷가 메인 비치의 끝이었다. 우리 수업을 맡아주기로 한 겟 웻 서프 스쿨(@getwetsurf)에 따르면 서퍼스 패러다이스 메인 해변에 비해 한적해서 로컬 서퍼들이 선호하는 해변이라고 한다(참고로 겟 웻 서프 스쿨 홈페이지www.getwetsurf.com에서 개인 또는 그룹으로 레슨을 예약할 수 있다). 한 달 전 부산 송정에서 서핑을 하다 발목을 삐끗한 김하나는 혹시 모를 안전사고에 대비해 쉬어가기로 했으며 이번 여행에 동행한 기획사 봄바람의 나미 씨와 써니 씨 그리고 나, 이렇게 세 명이 이른 아침 수업의 멤버가 되었다. 14년 동안 서핑을 해왔다는, 20대 후반으로 보이는 서핑 선생님 잭과 함께 우선 모래사장에서 서핑 동작을 끊어서 연습했다.

한눈에 보기에도 파도는 꽤나 거칠고 불규칙했다. 몇 차례 안정적인 테이크 오프에 성공했지만 오전이 되어가면서 점점 물살이 거세져서 몸을 가누기가 쉽지 않았다. 하지만 우리가 서핑을 배우면서 내내 들은 말은 "러블리! 퍼펙트! 뷰티풀!"이었다. 고작 다섯 손가락 꼽는 횟수로 서핑을 해본 내 실력이 그러할 리는 없고, 나미 씨나 써니 씨도 나와 다를 바 없이 꾸준히 고꾸라져서 물을 먹고 있었음에도 말이다(나중에 듣기로 골드코스트의 파도는 크고 높아서 우리 같은 초보자들보다 숙련된 서퍼들에게 즐거운 놀이터라고 한다). 잭의 단어장에는 부정적인 낱말이 하나도 없는 것 같았다. 우리 셋은 차례로 러블리하고 퍼펙트하고 뷰티풀하게 파도에 내동댕이쳐져 해변으로 운반되었다. 그리고 발목에 연결된 리시를 더듬거려 보드를 수습한 뒤에 계속 웃으면서 바다로 돌아갔다.

서핑과 패들보딩, 전쟁과 평화

한국에서 내가 배운 서핑 강사들도 분명 좋은 분들이었다. 하지만 잭에게는 그들과 다르게 놀라운 점이 있었다. '틀렸다'는 말을 한 번도 하지 않는다는 것이다. 패들링하다가 팔에 힘이 빠져서 속도가 안 붙어도, 테이크 오프하는 타이밍이 어긋나거나 발을 놓는 지점이 정확하지 않아 기우뚱하게 나자빠질 때도 "그렇게 하니까 잘 안 되는 거예요." 라든가 "그것만 고치면 되겠네요."라는 지적을 하지 않는다는 게 낯설었다. 취미 교육에서마저 늘 가장 효율적으로 정답을 가르치고 배워온 한국 사교육 문화에 나는 깊이 젖어있었다. 마음처럼 잘되지 않는다고 안타까워하는 나에게 잭은 어디를 어떻게 고쳐보라는 지적 대신 말했다. "서핑이 처음부터 모두에게 쉽다면 내 직업이 없어질걸? 일어서서 균형을 잡았으니 넌 이미 대단해. 너무 심각하게 받아들이지 마. 지금 즐거우면 되는 거야." 어쩌면 잭에게도 나 같은 한국 학생들은 신기한 존재가 아니었을까? 재밌자고 배우러 와서 왜 안 되는지 이를 악물며 애쓰고 있으니 말이다.

서핑 수업에 이어 진행한 패들보드 수업은 요약하자면 전쟁과 평화였다. <윤식당>이나 <효리네 민박>처럼 바다가 있는 여행지에서 촬영한 여러 예능 프로그램에서 패들보딩하는 장면을 볼 수 있었는데, 골드코스트에서 직접 체험하면서 그 이유를 알 수 있었다. 우선 쉽고, 안전하며, 몸이나 얼굴을 바닷물에 적시지 않으면서 즐기는 게 가능하다. 나는 이미 앞 시간의 서핑 수업에서 파도에 따귀를 여러 차례 맞고 머리카락이 엉망이 되었지만. 패들보드는 말 그대로 보드(서프보드보다는 좀 짧은)를 하나씩 타고 일어서서 패들(노를 젓는)하는 놀이라서, SUP(스탠드 업 패들보드)이라고도 부른다고 한다. 바다에서도 할 수 있지만, 우리는 더 스핏 메인 비치에서 약간 이동한 바다와 강 사이, 마치 호수처럼 위치한 운하로 장소를 옮겨 배웠다. 근처에 정박한 요트들의 하얀 몸체가 파란 하늘과 선명한 대비를 이루고 있었다. 이번에는 고 버티컬 스탠드 업 패들보드(@goverticalsuphire)에서 나온 선생님 린다 스피테이리 씨와 만났다. 한국에서 아웃도어 액티비티를 배울 때는 대체로 남성, 여성의 경우 나이가 젊은 경우가 많았는데 흰머리가 적잖이 난, 50대쯤 되어 보이는 중년 여성과 수업을 진행하니 편안하고 또 새로웠다. 사실 경험이 많은 선생님에게 배운다고 생각하면 연령대가 높은 여성들이 가르치는 게 자연스럽기도 한 일인데 말이다.

묻에서 보드를 밀어 출발하는 방법, 균형을 잡고 일어서 보드가 나아가는 방향을 바꾸는 방법을 배우고 난 다음은 어려울 게 없다. 최악의 상황이래 봐야 균형을 잃은 채로 그리 깊지 않은 물에 빠지는 일이지만, 우리는 이미 구명조끼를 입고 있었다. 발목이 걱정되어 서핑에서 빠진 김하나도 다행히 패들보드 수업은 무리 없이 즐길 수 있었다. 그러니 평소 운동과 먼 생활을 해서 서핑이 너무 와일드하게 여겨지는 사람, 바다에 대한 두려움이 있는 사람, 코어나 발목의 근육이 충분히 튼튼하지 않아 걱정되는 사람들이라도 패들보드만은 꼭 해보기를 추천한다. 자연을 깊숙이 느끼며, 그러나 자연의 일부가 되진 않고 문명인인 채로 우아하게 즐길 수 있는 스포츠다.

    패들보드를 타고 스으윽 수면을 가르며 나아가는 기분은 마치 물 위를 걷는 것처럼 자유롭고 상쾌하다. 잔잔한 물살과 부드러운 바람, 햇살이 몸을 감싸며 물 가운데로 나아가자 운하는 육지에서와는 다른 풍경을 보여주었다. 조금 전 떠나온 뭍을 돌아보니 바람을 맞은 나뭇가지가 살며시 흔들리고 있었다. 바람과 파도를 온몸으로 받아내느라 격렬할 수밖에 없는 서핑에 비하면 패들보드의 온화함은 충격적일 정도였다. 바다에서 서핑을 하면서는 철썩이는 파도 소리의 거대한 역동감도 즐길 거리였지만, 호수의 이 평화로운 고요는 정말 오래 맛보지 못한 조용함이었다. 호수의 고요를 깨는 소리가 있긴 했다. 린다의 다정한 외침이다. "뷰티풀! 러블리! 퍼펙트!" 그다지 아름답거나 사랑스럽거나 완벽하지 않은 우리가 또 얼마나 여러 번 이 외침을 들었는지 모른다. 아, 린다에게서 들은 잊을 수 없는 말이 또 하나 있다. "수니! 패들패들패들!" 세계 어느 도시를 가도 발음이 용이한 '하나'에 비해 내 이름 '썬-우우'는 영 부르기가 어려운지 린다는 내 이름을 이웃집 '순이'로 바꾸어 부르고 있었다.

진행하는 팟캐스트 '책읽아웃'에서 출연자의 장점에 대해 엄청나게 칭찬해주길 잘하면서 김하나는 '칭찬폭격기'라는 별명을 얻었다. 호주에서 만난 나의 서퍼 선생님들(잭과 린다)이야말로 칭찬폭격기라는 별명이 어울리는 사람들이었다. 축복받은 날씨가 마음을 관대하게 만드는 건지, 상대적으로 낮은 인구밀도 속에 덜 부대끼며 지내서 타인들에게 친절할 수 있는 건지 모르겠지만 그들에게는 여유가 넘쳤다. 그동안 예체능 교육에서 만나온 한국의 많은 스파르타식 선생님들에게 잭이나 린다 같은 여유가 있었다면 어땠을까? 학생들에게 조금만 더 뷰티풀, 러블리, 퍼펙트를 끼얹어주었다면…. 훨씬 강한 동력을 갖고 다양하고 풍요롭게 취미 생활을 영위할 수 있었을 것 같은 생각이 들었다.

골드코스트의 마천루와 닮은 고층 빌딩들이 가득한 서울로 돌아와 해변도 파도도 서퍼들도 보이지 않는 도시 속에서 서핑과 대척점에 있는 밥벌이로 바빠져서 글자와 숫자 속에 균형을 잡느라 안간힘을 쓰다가 문득 지난 여행을 생각한다. 그날 '더 스핏'의 바다와 운하가, 그 각각의 거침과 고요함의 이미지가 종종 선명하게 떠오른다. 여행의 어떤 순간들보다 그때가 강렬하게 남아 있는 건 머리가 아니라 몸을 치열하게 움직였기 때문일까? 인상적인 풍광 때문일까? 아마 서핑만큼 현재에만 집중하는 활동이 없어서일 것 같다. 바로 지금 내 눈앞의 파도를 파악하는 데 몰두하고, 내가 할 수 있는 몸짓으로 거기 올라타 보는 것이 전부라서, 그 순간을 힘껏 기억에 새기게 되는 게 아닐까. 그럴 때 우리는 온 감각으로 진짜 살아있다고 느끼는 게 아닐까.

수만 년 전부터 호주 대륙의 북동쪽을 쓸어왔을 멈추지 않는 파도를 잠시 탔다. 한순간 그 세계의 일부가 되어보았다. 아무것도 소유하지 않았는데도 모든 걸 가진 기분을 느낄 수 있었다.

메두사는 우리를 지켜보고 있다 ———————— 김

이번 여행에서 우리가 묵게 될 숙소 중 가장 럭셔리한 곳으로 향했다. 팔라조 베르사체 호텔(@palazzoversace). 맞다. 그 '베르사체'에서 만든 호텔이다. 우리가 탄 밴이 호텔 로비 쪽으로 다가가는데 차창 밖을 내다보니 호텔 앞 주차장에 으리번쩍한 차들이 늘어서 있었다. 호텔 로비에 들어서니 피아노 소리가 울려 퍼졌다. 천장이 높고 널찍한 로비 한 켠에 그랜드피아노가 놓여 있었다. 광택이 감돌고 몸에 딱 맞게 재단된 회색 수트에 머리를 말쑥하게 빗은 남자가 연주에 심취해 있었는데, 잘 들어보니 휘트니 휴스턴과 마이클 잭슨 히트곡 메들리였다. '그레이티스트 러브 오브 올'을 모든 음마다 기교와 장식음을 넣어 감상적으로 연주하는 그의 진지함 앞에서 모두가 숙연해졌다. 로비 곳곳에는 온갖 색깔의 생화가 놓여 있고 중동 사업가처럼 보이는 남자들이 셔츠 단추를 네 개 풀고 금색 선글라스와 금색 버클이 들어간 신발을 신고 돌아다녔다. 체크인은 지금까지의 숙소 중 가장 오래 걸렸다. 우리가 정말로 이 호텔의 격에 맞는 투숙객일지 엄정히 심사하기 위해 한국으로부터 통장 잔고와 부동산 등기부 정보가 팩스로 들어오기를 기다리고 있는 것일지도 몰랐다. 시간이 너무 오래 걸렸으므로 화려한 로비의 곳곳을 찬찬히 훑어보았다. 즉각적으로 놀라운 사실을 발견했다. 시선을 어디로 돌려도 메두사와 눈이 마주친다는 사실이었다. 베르사체의 심볼인 금색 메두사 머리가 어디에나 있었다. 벽, 테이블, 소파의 패브릭, 꽃병, 그리고 바닥에까지. 건축을 전공하고 예전에는 인테리어를 하기도 했던 신해수 작가가 바닥을 보며 말했다.

"이거 하나하나 붙인 거예요. 인건비가 엄청나게 들었다는 얘기."
그 말을 듣고 주의 깊게 보니 과연 작은 타일들을 하나하나 붙여서 거대한 메두사 머리 문양을 만든 것이었다. 테이블 상판도 역시 타일들을 하나하나 붙여서 만든 것이었다. 생화가 지나치게 화려한 색깔과 형태감을 뽐내며 꽂힌 화병들로 가득해 테이블 상판은 제대로 보이지도 않았지만. 곳곳에서 우리를 쳐다보고 있는 메두사의 눈빛과 과해보이는 장식들은 피로감을 유발했고, 나는 모던하고 심플한 숙소가 더 낫다고 생각했다(나중에 이 생각은 완전히 뒤바뀌게 된다). 여행 일정이 거의 막바지에 왔고 체크인이 오래 걸려서 피로감이 더했을 수도 있겠다. 로비 화장실에 갔더니 아니나 다를까 대리석 세면대에 고풍스런 수전이 달려 있고 페이퍼 타월 같은 것은 생각해본 적도 없다는 듯 쓰고 던져 넣는 면

수건이 차곡차곡 쌓여 있었다.

　　드디어 우리의 재무 상태와 자동차 보유 여부, 신용 등급에 대한 심사가 끝났는지 방 배정이 이루어졌다. 방 키가 든 봉투를 받아들었는데 두툼했다. 고급스런 종이에 인쇄된 안내서가 네 장이나 들어 있었다. 이것을 인원수대로 수십 장씩 인쇄하느라 그렇게 시간이 오래 걸린 것일까 하는 자연스런 의심이 파고들었지만 어쨌든 드디어 방을 배정받았다니 메두사의 은총처럼 느껴졌다. 알고 보니 황선우와 나의 방이 따로였다. 촬영팀 방도 인원수대로 각각 배정되었다. 황선우와 나는 어차피 가방에 짐이 뒤섞여 있으므로 한방을 쓰는 게 더 편할 터라 조금 당황스러웠지만 일단 각자의 방으로 향했다. 놀랍게도 각자의 방에 퀸사이즈 정도로 보이는 거대한 침대가 두 개씩 있었다. 그리고 그 거대한 두 개의 침대가 들어갈 만큼 방 또한 거대했으며, 그곳에서도 고개를 돌리면 곳곳에서 메두사와 눈이 마주쳤다. 실로 놀라운 곳이었다.

　　거대한 침대에 잠시 누워서 쉬는데 누가 문을 노크했다. 열었더니 호텔 직원이 봉투를 하나 건넸다. 역시 도톰하고 고급스런 종이로 된 길쭉한 봉투 안에는 팔라조 베르사체에서의 시간이 쾌적하고 멋진 것이 되기를 바란다는 기원과 함께 매니저의 우아한 친필 사인이 들어 있었다. 그 편지를 메두사가 그려진 테이블 위에 내려놓고 다시 침대에 누워 나른함에 빠져들 때쯤 또 누가 문을 노크했다. 열었더니 메이드가 예쁜

초콜릿을 건네주었다. 정말이지 우아하게 번거롭고 고급스럽게 귀찮은 곳이었다. 황선우와 나는 방을 하나만 쓰기로 하고 나머지 하나를 여분의 별실로 남겨 두었다. 곧 하이 티 시간이 되어 1층 레스토랑 르 자르뎅 Le Jardin 으로 가야 했다.

　　　오후 5시까지 제공되는 '쿠튀르 하이 티'는 팔라조 베르사체의 인기 코스인 듯했다. 드레스 코드는 '스마트 캐주얼'이라고 쓰여 있었다. 특별히 갖춰 입을 옷이 따로 없던 나는 가져온 옷 중에 그래도 점잖은 편인 YMC 셔츠를 입었다. 황선우는 본인이 가져온 거대한 옷 보따리 속에서 한참 부산스럽더니 가슴이 패이고 등이 훤히 드러나는 점프 수트에 화려하고 굵은 골드 체인 목걸이와 팔찌를 하고 YSL 클러치를 들고 나타났다. 하이 티가 아니라 호텔을 사러 온 사람 같았다. 우리 둘이 함께 다니면 가끔, 아주 가끔 모녀(또는 모자)로 오인받을 때가 있는데 이날 찍힌 사진들을 보니 사립학교에 건물을 지어주는 조건으로 아이를 입학시키러 온 부호 같은 느낌이 있었다. 하이 티 세트는 부호의 취향에 맞게 금색 테를 두른 우아한 3층 접시에 담겨 나왔다. 하나하나가 모양도 맛도 매우 세심하게 디자인되어 있었다. 새우와 게살이 들어간 손가락 두세 마디만 한 버거, 트러플이 들어간 미니어처 키쉬, 프로슈토를 감은 아스파라거스, 연어와 아보카도와 딜이 돌돌 말린 롤 등 식사가 될 만한 것들부터 라즈베리를 채운 초콜릿이나 복합적인 향의 아이스크림콘까지.

나는 애프터눈 티 세트나 하이 티의 애호가라고는 결코 말할 수 없지만 (솔직히 그것들은 음식의 세계에서 내가 별로 탐험할 마음이 들지 않는 대륙에 속해 있다), 팔라조 베르사체의 하이 티를 무척 즐긴 것은 틀림없는 사실이다. 그보다 더 즐긴 것은 오후 햇빛을 받아 잘그랑거리며 기포를 뿜는 스파클링 와인이었고, 그보다 더 즐긴 것은 호주에 와서 처음으로 마신 아이스 커피였다(그동안은 아이스 커피를 만날 수 없었다). 통유리창을 통해 한참 햇살을 받고 있자니 점점 몸이 뜨겁게 데워져서, 창밖으로 보이는 아름다운 수영장에 풍덩 뛰어들고 싶은 마음이 들었다. 우리는 그렇게 하기로 했다.

　　냄비에서 잘 삶긴 뒤 찬물로 떨어지는 반숙 달걀들처럼 우리는 풍당풍당 수영장으로 뛰어들었다. 비정형으로 생긴 야외 수영장은 널찍하고 근사했다. 한컨에는 흰 모래밭이 조성되어 있었다. 수영을 하다가 밖을 보니 아랍 국가의 공주와 왕자 같은 사람들이 웨딩 촬영으로 추정되는 것을 하고 있었다. 팔라조 베르사체 호텔은 전 세계 두 곳에만 있는데 한 곳은 이곳 골드코스트고, 또 한 곳은 두바이다. 그래선지 중동의 부호들이 많이 오는 듯했다. 느긋하고 행복하게 수영을 즐기고 나가려는데 갑자기 물속에서 발이 안 닿는 곳이 있었다. 마침 물안경도 머리 위로 올린 터라 눈에 물이 들어가는 바람에 당황에서 몸이 굳었다. 눈을 뜨지 못하니 거리를 가늠할 수가 없어 공포에 질린 채 미친 듯이 팔다리를 휘저어 겨우 계단에 닿았다. 심장이 터질 것 같았고 너무 무서웠다. 수건을 두르고 진정하는데 나와 비슷한 지점에서 아직 수영이 서툰 신해수 작가가 "안 닿아!!"라고 소릴 질렀다. 박신영 작가가 달려가 어찌어찌 구해주었다. 3m쯤 되는 깊이도 아니고 최대 1.7m 풀에서 두 명이나 죽을 뻔했다….

반숙 달걀 상태에서 찬물에 들어갔다가 생사의 고비를 넘기기까지 한 우리는 꽤나 지친 채 각자의 드넓은 방으로 씻으러 갔다. 각자 퀸 사이즈 베드가 두 개씩 있는 우리는 거대한 욕조도 인당 하나씩 쓸 수 있었다. 이때였다, 팔라조 베르사체의 미덕이 폭발한 것은. 우아한 곡선을 그리는 육중한 수도꼭지로부터 떨어지는 물줄기 아래 메두사가 그려진 배쓰 솔트 한 통을 다 들이붓고 강력한 자쿠지 기능을 켰더니 좀 전의 공포와 피로감이 서서히 가시는 게 실시간으로 느껴졌다. 욕조는 너그럽게 컸고 세면대며 벽, 바닥의 대리석과 타일은 아름다웠다. 한결 넉넉하고 푸근해진 마음으로 등판에 메두사가 그려진 가운을 입고 세심하게 짜 맞춰진 아름다운 문양의 나무 마루를 밟고 나와 손잡이마다 메두사가 장식된 장을 열었더니 역시 메두사가 나를 쳐다보는 화려한 커피잔과 우아한 은수저가 들어 있었다. 커피를 마시며 바라보니 침대 헤드 위에는 이탈리아 건축물을 정교하게 그린 액자가 걸려 있었다.

저녁을 먹은 뒤 와인을 좀 사 와서 함께 마시며 그날의 사진을 정리했다. 우리의 잉여 공간이자 라운지가 된 402호에서. 이 얼마나 사치스러운가. 거대한 두 개의 침대와 거대한 욕조가 있는 방을 이런 용도로만 사용하다니. 널찍한 각자의 방에서 모두가 오랜만에 아주 푹 잘 잤다. 다음 날 호텔에서 아침 식사를 한 뒤 체크 아웃을 하러 로비에 나왔다. 현란한 바닥 장식과 곳곳에 흐드러지게 꽂힌 생화들을 바라보았다. 이곳에 머무는 동안 우리는 한국에서의 삶에서 떼려야 떼어지지 않던 어떤 가치를 잠시나마 잊을 수 있었다. 그것의 이름은 '효율'이었다. 효율에서 잠시 분리됨으로 인해 쉼은 더욱 충만해졌다. 굳이 질 좋은 종이 네장을 봉투에 넣어 건네고, 사람이 여러 번 오가며 환영의 인사를 전하고, 공간을 불필요할 정도로 널찍하게 제공하고, 꼼꼼히 그 공간을 아름답게 채우는 이런 곳에서야, 근육 깊숙이 배어 있던 어떤 피로는 비로소 풀리기도 한다. 럭셔리를 넘어선 배니티 vanity의 미덕이었다.

팔라조 베르사체 로비에 걸린 화려한 샹들리에는 무려 750kg이 넘는데, 한때 밀라노 주립 도서관에 걸려 있었던 것이라고 한다. 막대한 노력을 들여 이탈리아로부터 호주까지 실어 왔을 그 거대한 샹들리에를, 바닥에 타일을 일일이 손으로 붙여 만든 메두사의 얼굴이 노려보고 있다.

팔라조 베르사체 호텔 | 메두사는 우리를 지켜보고 있다

웜뱃의 똥은 정육면체라는 거 알아? ——————— 황

따뜻한 포옹을 좋아하는 눈사람 올라프는 <겨울왕국> 시리즈에
서 가장 사랑스러운 캐릭터다. 2019년 겨울 개봉한 <겨울왕국2>에서는
성장하면서 차츰 지적 사고를 하게 된 올라프가 다양한 상식(주로 동물
에 대한 TMI)을 자랑하며 다른 등장인물들을 가르치는 에피소드가 나
온다. 마침 우리는 퀸즐랜드주에 함께 다녀온 촬영팀 친구들과 함께 이
영화를 보는 중이었다. "엉덩이로 호흡하는 거북이가 있다는 거 알았
어?" "고릴라들이 행복할 때 트림하는 건?" "웜뱃이 정육면체 똥을 싼
다는 거 알아?" 나란히 앉은 우리 넷은 마음으로 다 같이 외쳤다. 응 우
리도 알아!! 게다가 우린 그 똥 봤거든!!! 어떤 동물의 배설물 형태에 대
한 TMI가 이렇게까지 반가움을 불러일으킬 일인지. 이건 순전히 웜뱃이
호주에만 서식하는 동물이며 우리가 지난 여행에서 그들을 보고 왔기
때문에 느끼는 친근함이다. 지하로 굴을 파고 들어가 생활하는 그들의
서식지 그리고 놀랍게도 큐브 형태로 된 배설물도 봤다. 웜뱃 똥은, 이제

퀸즐랜드주 여행과 우리 사이의 소중한 연결고리 중 하나다. 그 연결고리는 물론 정육면체 모양으로 생겼다.

　　다른 대륙과 육로로 이어져 있지 않은 호주의 고립된 지형 때문에 그곳에만 자리 잡고 사는 독특한 생물종이 많다는 건 초등학교 수업 시간부터 배워 익히 알고 있는 사실이었다. 남극에 펭귄이 산다는 것과 마찬가지의, 올라프가 책으로 배우는 것 같은 동물 상식이다. 지구의 역사를 1년으로 압축하면 인간은 12월 31일 자정 가까이에야 등장했다고 한다. 호주는 특히나 늦게까지 타 문화권과의 교류 없이 고립되어 있던 나라다. 현재 호주 사회는 다양한 국가에서 적극적으로 유입한 이민자들로 구성되어 있고, 그 이전에는 18세기 후반 영국 사람들이 건너와 이주한 역사가 있지만 아주 오랜 세월을 거슬러 올라가 보면 어땠을까? 이 땅은 유럽인들이 발견하고 깃발을 꽂기 전에 원래 수만 년 이상 뿌리내리고 살아온 동식물(그리고 슬프게도 백인들의 정착 이후 전염병과 학살로 삶의 터전을 잃은 오스트레일리언 애보리진들)의 것이었다. 넓은 국토(세계 6위)에 비해 인구밀도는 낮으며(세계 55위) 지구상 어느 대륙과도 다른 독특한 생태계를 가진 땅에 가면서 그곳의 동물들을 만나지 않는다면 호주의 많은 부분을 놓치고 오게 되는 일이라는 생각이 들었다.

　　나와 김하나는 쇼를 위해 동물을 길들이거나, 무리와 떼어놓은

채 좁은 우리에 가둬 전시하는 형태의 동물원에 반대한다. 다행히 커럼
빈 와일드 생추어리는 이름 그대로 야생동물들의 원래 서식 환경에 최
대한 가깝게 보호구역을 마련해두고 환경의 소중함을 일깨우는 용도로
활용된다는 이야기에 여기라면 가 봐도 좋겠다는 생각이 들었다. 개인
관광객의 신분으로, 야생동물들과 서로 안전하게 만날 기회는 이런 보
호구역을 방문하는 일임에 분명하다. 이날을 위해 커다란 트렁크에 챙
겨온 옷 짐 가운데서 사파리 복장(카키색 반바지와 브라운 반소매 셔츠)
을 찾아 입었다.

커럼빈 와일드 생추어리

　　퀸즐랜드주에 머무는 며칠 동안 어디를 방문하면서도 넓다는
감탄사는 이제 디폴트가 되어 있었지만, 커럼빈 와일드 생추어리(@
currumbinsanctuary) 역시 크고 넓었다. 그리고 다른 어디보다 그 크고 넓
음이 다행스럽고 경이롭게 여겨지는 곳이었다. 여러 종의 생물들을 한
꺼번에 모아놓고 옹색한 철창을 쳐서 구획해 놓은 한국 동물원의 운영
방식과는 완전히 달랐다. 면적이 27만 제곱미터에 이를 정도로 거대한
부지 자체가 다양한 수종의 나무가 울창하고 호수에도 면한 너른 숲을
뚝 떼놓은 지역이다. 보호구역이 출발한 1947년에 오색앵무들에게 모이
를 주는 것으로 출발한 관광 프로그램은 점차 관광객들이 참여하는 방

식으로 발전했다고 한다. 다양한 동물들을 데려온 다음에 그들이 살 수 있게 꾸며놨다기보다, 아예 악어부터 펠리컨까지 살 수 있는 다채로운 서식 환경이 존재하는 곳에다 터를 잡고, 천적들끼리 활동 범위가 겹치지 않게 구획하여 동물들을 방목에 가깝게 놓아기르는, 아니 가축이 아니니까 기른다기보다 놓아두고 지켜보는 모양새에 가까웠다. 이곳에 서식하는 1,000여 종의 야생동물 가운데 일부에 한해서는 규정을 준수하면서 만져보거나 먹이를 주는 일이 허용된다. 우리 일행도 캥거루 사료를 나눠 받아 직접 먹여봤는데, 이미 배가 부른지 대부분 심드렁한 반응이었다. 먹이를 얻기 위해 캥거루들이 사람에게 잘 보이려 애쓰거나 경쟁했다면 좀 속상할 것 같았는데, 다행히 그들은 나 따위 안중에 없어서 내심 기뻤다.

야생동물 보호구역을 방문 일정에 넣는다는 논의를 하는 단계부터 우리는 동물들에게 스트레스를 주고 싶지 않다는 의사를 분명히 했다. 우리의 가이드를 맡아 커럼빈 곳곳을 안내해준 홍보 담당자 토모히사 노부나가 씨도 이 점에 대해 민감하게 인지하고 있었다. 나는 유료로 코알라를 안아보고 사진을 찍게 해주는 프로그램을 운영하는 데 대해 불편한 마음이 드는데, 여기에 윤리적 문제점은 없느냐는 질문을 했다. 코알라에게 지나친 스트레스를 주는 게 아닐까 하는 내 걱정에 그는 3가지 측면으로 답해주었다.

1. 코알라의 업무는 하루에 30분 이하 사육사 입회하로 엄격히 제한하고 있고 그 이후에는 퇴근해 휴식 시간을 충분히 가진다.
2. 이런 활동이 코알라의 심신 건강에 나쁜 영향을 미치지 않는다는 전문가들의 견해에 따라 진행한다.
3. 더 많은 코알라 개체의 보호에 대한 인식을 제고하고 필요한 기금을 마련하기 위해서는 코알라가 직접 등장하는 방식이 가장 효율적이다.

코알라 홍보대사가 최전선에 나서 활동하는 이 모금 운동이 최선인지는 모르겠으나, 동물들과 함께 살아가기 위해 고민을 많이 한 운영방침이라는 선으로 이해할 수 있었다.

코알라, 캥거루, 왈라비 같은 호주 토착종들 다수의 특징은 주머니 속에서 새끼를 키운다는 점이다. 발생학적으로는 그렇지 않겠지만, 새끼가 완전히 성숙되지 않은 상태로 태어나 어미에게 의존하는 기간이 매우 길다는 관점에서만 보면 유대류는 인간과 참 닮은 종 같다. 그래서 오래 독립하지 못하고 부모와 함께 생활하는 사람들에게 '캥거루족'이라는 이름이 붙는 거겠지만. 게다가 코알라는 마치 영장류처럼 새끼를 업고 다니는 습성이 있어 더 신기하다. 사실 귀엽다 그렇지 않다는 건 인간의 해석일 뿐, 동물들은 미학적 가치판단의 프레임에서 벗어난 존재들이다. 캥거루는 캐릭터로 묘사될 때는 팬시하지만 실제로 보면 낙타 같은 얼굴에 엄청난 근육질 가슴과 팔을 갖고 있으며 발달한 다리로 뛰는 움직임이 기존에 보아온 어떤 동물과도 같지 않아 희한하다. 그 다리에서 뿜어나오는 기이한 근력은 약간 공포감마저 불러일으킨다. 한편 날카로운 울음소리를 가진, 커다랗게 확대한 쥐처럼 생긴 태즈메니안 데빌도 인상적인 호주 동물이었다. 작은 곤충이나 쥐, 닭을 넘어서 심지어 왈라비나 웜뱃, 양까지도 먹는다니 생태계의 굉장한 포식자인 데다, 기분 나쁜 비명 같은 것을 내서 '데빌'이라는 이름이 납득된다. 사람 보기에 귀엽거나 그렇지 않거나 간에 이들은 자신이 생존을 위해 적응해온 자연환경 속에서 평화롭게 살아갈 권리가 있다.

광대한 커럼빈 보호구역을 둘러보는 데는 상당한 시간이 소요되어서, 관내를 운행하는 미니열차를 이용하는 편이 좋다. 더군다나 김하나를 비롯한 우리 팀은 곳곳에서 코알라와 마주칠 때마다 그 귀여움에 정신을 잃고는 느릿한 속도에 전염되어 오작동을 일으키고 있었다. 일행들을 챙겨 갈 길을 재촉하는 일이 쉽지 않았다. 코알라의 귀여움에 마냥 넋을 놓을 수 없이 서둘러야 했던 이유는 하루에 다섯 시간만 열리는 '로스트 밸리'가 문을 닫기 전에 둘러보기 위해서다. 열대 우림 수목들을 집중적으로 가꿔 특히 독특한 야생 동식물들을 모아놓은 2만 제곱미터 면적의 구역인데, 현재 남반구 땅 전체를 포함하던 과거의 초대륙 '곤

드와나'가 콘셉트라 호주뿐 아니라 인근의 마다가스카르, 뉴질랜드, 파푸아뉴기니 등지의 야생동물들을 만날 수 있다. 레드 판다, 카피바라, 비단원숭잇과의 타마린, 다양한 파충류는 커럼빈 안에서도 한층 이국적인 모습을 드러낸다.

오전 오후 1시간 반씩만 공개되며 길고 은밀한 점심 식사 시간을 가지는 알락꼬리여우원숭이 ring tailed lemurs 는 그 가운데도 알현하기가 쉽지 않은 슈퍼스타였다. 선명한 노란 눈, 풍부한 표정을 가진 이 여우원숭이는 애니메이션 <마다가스카>에 주인공 캐릭터로 등장하는 희귀종이다. 주로 꽃이나 열매를 먹으며 살아가는데, 수컷은 떠돌아다니지만 암컷은 평생 무리 안에 머물며 나이 들수록 다른 구성원들로부터 존경을 받는다는 설명이 흥미로웠다. '로스트 밸리'에서는 지리학적으로 연결되어 공통점이 있는 인접 지역 생태계 보전에 힘을 보태는 커럼빈 와일드 생추어리의 노력을 확인할 수 있었다. 실제로 여기 병원에서는 파푸아뉴기니의 멸종 위기 동물들을 데려다 치료하고, 다시 원서식지에 돌려놓는 작업을 하고 있다.

광대한 커럼빈에서 가장 큰 규모의 건물이 바로 이 야생동물 병원이다. 이 병원에는 매년 병에 걸리거나 부모를 잃은 야생동물 환자가 11,000마리 이상 입원한다. 코알라 환자는 500마리 정도인데, 지난 10년 동안 16배 증가한 수라고 한다. 병원 건물 앞 쇼케이스에는 구조해서 치료한 동물들의 몸에서 추출한 이물질들을 전시해두고 있다. 각종 그물과 찌(낚시가 해양생태계뿐 아니라 조류에게도 얼마나 위험한지 새삼 인식하게 되었다), 골프공(새알로 착각한 뱀이 자주 삼킨다고 한다), 비닐봉지와 담배꽁초, 페트병과 뚜껑, 페트병 입구의 플라스틱 링(낚시나 골프에 못지 않게 위험한 것은 일상 속 각종 플라스틱 사용일 것이다)….

생태계를 잘 재현해서 멋지게 보여주고, 같은 공간에서 자연 훼손의 양상을 시각화해서 보여주는 것은 아주 집약적인 프리젠테이션이었다. 우리는 한국으로 돌아와 브리타 정수기를 사는 것으로부터 출발했다. 그 정수기 또한 플라스틱으로 만들어져 있지만, 생수병을 조금이라도 줄일 수 있는 쉬운 방법이 있는데 동참하지 않을 이유가 없다. 커럼빈 와일드 생추어리 홈페이지에서는 이곳의 야생동물 병원에서 진행 중인 다양한 연구와 조사 프로젝트를 소개하고 있는데, 여기에서 각각의 프로젝트에 대한 후원 페이지로 바로 연결된다. 예를 들어 멸종 위기에 처한 파푸아뉴기니 바늘두더지의 번식에 대한 연구가 지금 퀸즐랜드주와 멜버른 대학, 그리고 골드코스트시와 협력하에 진행 중이다. 동물에 대해 단순히 오락거리로 접근하는 게 아니라 보전과 보호, 치료와 연구를 통해 지속가능한 공존을 가능하게 한다는 점이 든든하다. 물론 재정이 넉넉하지 않기 때문에 기부금을 적극적으로 유치하고 있고, 자원봉사 인력과 지역 커뮤니티의 재정 지원을 받아 유지된다.

우리는 연결되어 있다

공감력을 가진 사람이라면 누구나 그렇겠지만, 호주를 다녀온 지 얼마 안 된 상태에서 접하는 산불 소식은 더 안타깝다. 몇 개월씩 이어지는 재난을 뉴스로 접하며 야생동물이 5억 마리 이상 희생되었다는 이야기를 들을 때 그 숫자는 너무 아득하다. 한편으로 책임감도 느낀다. 호주와 같은 건조하고 뜨거운 지역에서 산불이 자연발화 되는 큰 원인은 지구온난화라고 한다. 비행기를 타고 해외로 여행을 하고 도심에서는 자동차를 몰고 다니며 플라스틱을 사용하는, 평범한 현대인인 나의 라이프스타일이 바로 기후 악화를 가속하는 요인인 것이다. 특히 탄소 배출량과 수질오염의 많은 부분이 공장식 축산업에서 기인한다는 진실을 외면하기가 어려워서, 요즘은 아주 미약하지만 육식을 조금씩 줄여보려는 노력도 해보고 있다.

코알라, 캥거루를 책으로 알고 있는 것과 그들이 살아가는 모습을 바로 눈앞에서 보는 건 너무나 달랐다. 그 다름이 사람에게 틈입해 변화를 일으킨다. 코알라를 껴안아 보는 것에 대해서 나는 이제 좀 다른 입장을 갖게 되었다. 기념사진 인증을 위해서 몇 달러를 냈을지언정 코알라와 포옹을 해본 사람은 더 이상 무관할 수 없을 것이다. 잠시 그 작고 동그란 존재와 피부를 맞대고 온기를 느껴본 경험이 접점이 될 것이다. 다른 생명체를 나와 관계없는 미물, 타자가 아니라 나와 연결된 존재로 받아들일 때 작은 힘이라도 낼 수 있는 것 아닐까. 그리고 그 힘은 내가 껴안았던 그 코알라의 느릿한 평화를 지켜주고 싶다는 마음에서 출발해 어떻게든 행동으로 이어지지 않을까. 호주 산불 뉴스 가운데서, 땅속에 굴을 파고 생활하는 웜뱃들이 자신의 굴속에 다른 동물들이 피신할 수 있게 도왔다는 소식을 읽었다. 나중에 이것의 사실 여부에 대한 논란이 많았는데, 퀸즐랜드주 대학의 스티브 존스턴 부교수가 『브리즈번 타임즈』에서 이런 내용으로 분석했다고 한다. "웜뱃이 의도한 바는 아니겠지만 화재와 같은 극단적 상황에서 다른 동물들이 웜뱃의 굴을 이용했을 수 있다." 디즈니 만화영화처럼 의인화된 웜뱃의 구조 활동은 사실이 아니라 해도 자기 공간을 내어주는 행동만으로도 충분히 감동적이다. 참혹한 산불 현장을 떠올릴 때 작은 위안이 되기도 한다. 사람들도 웜뱃처럼 위기에 처한 주변 존재들에게 자기 자리를 조금씩 내어주며 함께 살아갈 수 있다면 얼마나 아름다울까 생각해 본다.

커럼빈 와일드 생추어리를 다녀오고서 극동아시아 끝에서 살아가는 인간인 내가, 남반구의 유대류들과 연결되어 있다는 감각을 갖게 되었다. 그리고 해결되지 않는 여러 질문이 생겼다. 아마도 역사상 가장 망가진 상태일 지금 지구를, 여전히 망가뜨리며 사용 중인 우리는 다음 세대에게 물려줄 염치가 있을까? 지구의 원래 주인이었을 많은 비인간 동물들에게 진 빚을 어떻게 갚을 수 있을까? 크고 아득해지는 질문일수록 작고 구체적인 행동으로 답해야 할 것 같아서 뭐라도 한다. 분리수거를 좀 더 꼼꼼하게 하고 옷 한 벌 덜 사는 일이라도. 우리는 다른 생명과 지구라는 하나의 초대륙을 공유하며 살고 있으니까 말이다.

커럼빈 와일드 생추어리 | 웜뱃의 똥은 정육면체라는 거 알아?

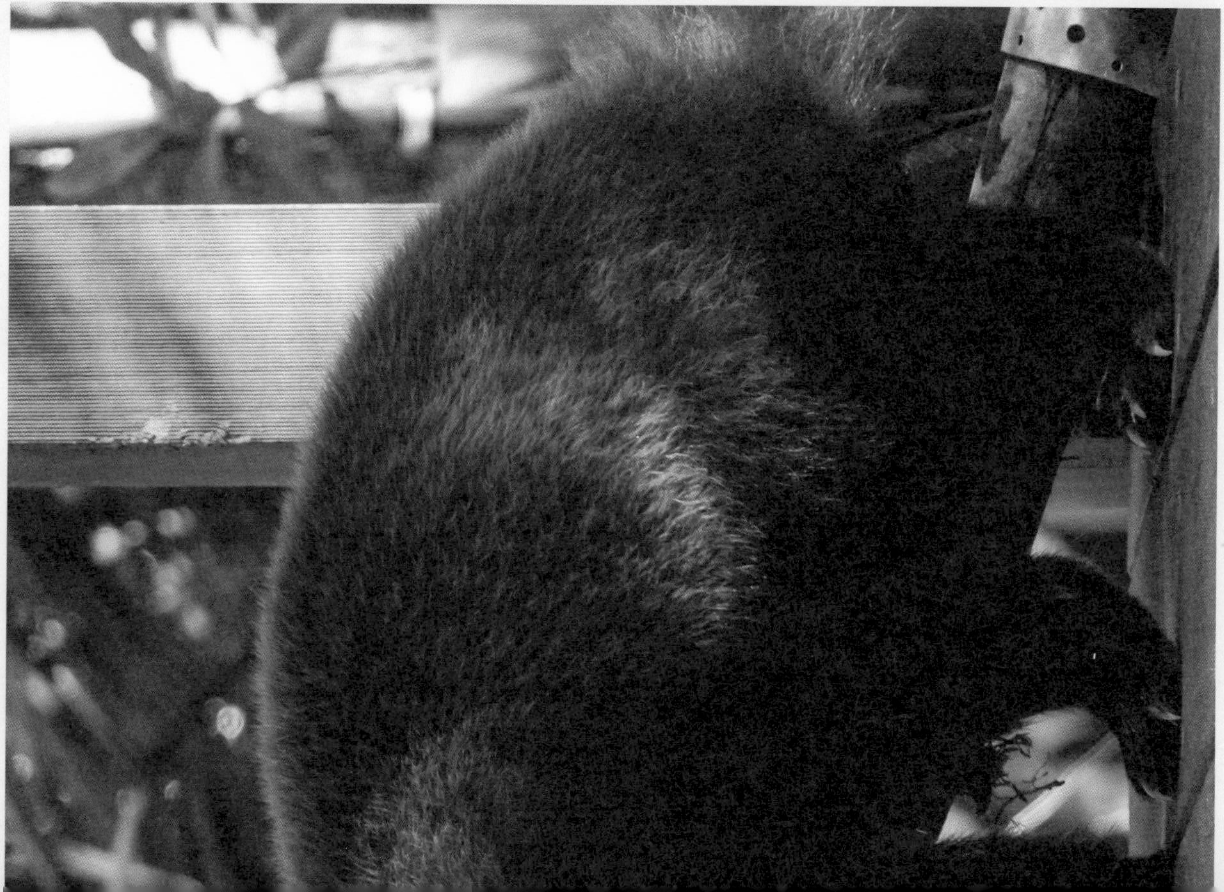

참을 수 없는 존재의 귀여움 ———————— 김

코알라!!!

…잠시만 기다려 달라.

'코알라'라는 말을 써놓고 느낌표를 세 개 붙인 뒤 저쪽 방에 가서 몸을 부르르 떨며 발을 구르고 왔다. 코알라의 귀여움은 그 정도다. 진짜 뭐 이런 존재가 다 있지 싶은 그런 귀여움이다. 당신은 코알라의 모습을 알고 있을 것이다. 사진이나 영상으로만 봐도 코알라는 참 귀엽게 생겼다. 하지만 나는 이렇게 말하고 싶다. 그런 건 다 소용없다고. 나도 코알라를 안다고 생각했다. 적어도 어떻게 생겼는지는 안다고. 그러나 연예인을 실제로 보면 그 아우라에 놀라게 되는 것에 비할 수 없을 정도로, 실제로 본 코알라의 매력은(잠시 저쪽 방에 가서 덤블링을 하고 왔다)… 실로 엄청났다. 연예인은 실제로 보았을 때 그 피부의 깨끗함이나 이목구비의 또렷함에 놀랄 수는 있겠지만 그들의 행태나 속도감에 깜짝 놀라게 되지는 않을 것이다. 그에 비해 코알라는 모든 행동과 생활 리듬, 천성까지 모든 것이 귀여워서 어이가 없을 정도였다. 코알라의 귀여움은 실제로 보지 않으면 설명이 안 되므로, 지구인이라면 살면서 한 번쯤은 호주를 방문해 세상에 이런 귀여움이 있음을 알아둘 필요가 있다.

커럼빈 와일드 생추어리 입구에서 조금 들어간 곳에 코알라들이 있었다. 보는 순간 심장이 쿵 떨어졌다. 나무 위에 열린 저 큼지막한 회색 열매들이 혹시… 하는 순간 그 열매 중 하나가 천천히 고개를 돌려 나와 눈을 맞추었다(고 나는 생각했다). 코알라였다. 아… 저 비율은 대체 뭐야! 다 큰 코알라는 3등신 정도의 느낌이다. 둥글고 넓적한 머리통 밑에 조금 더 크고 둥그런 몸통이 붙어 있다. 정말 봉제인형 같다. 우리는 귀여운 곰인형과 실제의 곰이 얼마나 다르게 생겼는지 알고 있다. 그러나 코알라 인형이라면 굳이 더 귀엽게 만들 필요가 없다. 둥글고 둥근 머리통과 몸통의 형태감만으로도 이미 귀여운데, 이목구비의 비율은 너무하다 싶을 정도다.

우선, 생각보다 눈이 작다. 작고 동그란 눈에 초콜릿색 눈동자가 가득 들어차 있고 눈꺼풀은 살짝 졸리운 듯 나른한 모양이다. 그리고 코가 정말 크다. 길쭉한 숟가락을 엎어놓은 것처럼 생겼는데 까맣고 매끈해 보이는 가죽으로 덮여 있다. 크기로 유추할 수 있듯 코알라는 시력이 좋지 않고 후각이 예민하다고 한다. 코알라는 유칼립투스잎만 먹으며,

600여 종의 유칼립투스 중에서 자기가 좋아하는 유칼립투스를 냄새로 찾는다. 코알라들이 먹는 유칼립투스는 30종 안팎인데 그중에서 각자가 선호하는 조합이 또 다르다. 유칼립투스잎을 오물오물 천천히 씹는 코알라의 입매는 시각적 ASMR 같아서 하루 종일도 볼 수 있을 것 같다. 하지만 그것은 불가능하다. 코알라는 하루 20시간 넘게 자기 때문이다. 유칼립투스잎에서 얻을 수 있는 열량이 크지 않기 때문에 코알라들은 그렇게 움직임을 줄여 에너지를 보존한다고 한다. 우리는 마침 코알라가 깨어 있는 시간에 갔기에 운이 아주 좋았다. 많은 사람이 코알라의 잠든 모습만 보다가 돌아온다고 했다.

그리고 그 귀. 왜!! 왜 거기에 부숭부숭 털이 나 있는 건가!!! 귀여우라고?! (저쪽 방에 가서 물구나무를 서고 왔다) 우리에게 잘 알려진 포유동물의 귀는 머리 위쪽에 붙은 형태가 있고 머리 양옆에 붙은 형태가 있다. 바짝 선 형태도 있고 축 늘어진 형태도 있다. 코알라의 귀는 어디에도 속하지 않는 어정쩡한 경계지대에 있다. 가장 귀여운 모습으로. 머리 위쪽과 옆쪽의 중간쯤 되는 절묘한 위치에 호빵과 비슷한 모양으로 붙어 있는 코알라의 귀에는 몸의 다른 어떤 곳에도 없는 긴 털이 부숭부숭 나 있는 것이다. 코알라의 넓적한 얼굴은 귀에 난 털로 인한 착시현상으로 가로 길이가 더더욱 길어 보이고, 그래서 더더욱 귀엽다.

앞서 말했듯 우리는 코알라 안기 체험 등으로 그들에게 스트레스를 주고 싶지 않았다. 그러나 코알라를 멍하니 보고 있는 동안 내 머릿속엔 어느새 '한번만… 한번만 안아보고 싶다….'라는 열망이 간절히 끓어올랐다. 위키피디아에는 코알라의 키가 60~85cm쯤 된다고 나와 있지만 우리가 본 코알라 중에 80cm 가까이 되어 보이는 코알라는 없었다. 옆에 선 자원봉사자와의 비례를 보았을 때 대부분 60cm 미만 정도로 보였다. 빅토리아주의 코알라는 퀸즐랜드주 코알라에 비해 두 배 이상 무겁다고 한다. 자그마한 퀸즐랜드 코알라들은 참으로 안아봄직한 크기였다. 그 둥근 엉덩이를 손으로 받쳐들고 커다란 코와 작은 눈과 털이 부숭한 귀를 가까이서 보고 싶었다. 귀여움의 최면 효과 같은 게 일어나는 것 같았다. 자꾸만 머리를 부르르 털며 정신을 차려야 했다. 코알라 안기 체험이 가능한 것은 그들이 사람에게 무척이나 순한 동물이어서다. 안으면 안긴 채로 가만히 있는다고 한다.

옛날에 '동물점'이라는 게 유행한 적이 있다. 생년월일을 조합해서 각자에게 어울리는 동물을 알려주는 일종의 성격 테스트 같은 것인데, 나는 코알라가 나왔다. 코알라형 인간의 특성은 '소파에 멍하니 드러누워 있는 시간이 꼭 필요한 타입. 그래야만 창조적인 활동을 할 수 있다'라고 했다. 실제로 내가 그런 시간을 꼭 필요로 하기도 하고, 또 그렇게 나른하게 지내는 코알라의 모습을 떠올려 보면 어쩐지 기분이 좋아지기도 해서 나는 왠지 코알라에게 동지 의식과 호감을 느꼈다. 실제로 코알라를 보았을 때 충격적인 것은 바로 그들의 나른한 속도였다. 코알라는 모든 행동을 천천히 한다. 유칼립투스잎도 천천히 씹고, 이 나뭇가지에서 저 나뭇가지로 넘어갈 때도 아주 느릿하다. 코알라는 땅으로 거의 내려오지 않고 나무 위에서 사는데, 잠들어도 떨어지지 않도록 Y자 형태로 생긴 나뭇가지 사이에 엉덩이를 단단히 끼운다. 적당한 가지를 천천히 물색한 다음 아주 신중하게 둥그런 엉덩이를 씰룩이며 끼워넣는 그 한없이 느린 동작이라니. 코알라의 앞발에는 다섯 개의 발가락이 있는데 두 개의 발가락이 나머지와 마주보게 나 있어서 나뭇가지나 잎을 단단히 붙들 수 있다. 나뭇가지를 잡는 단순한 동작도 코알라들은 참 천천히 해서, 사람 눈으로 보면 묘하게 신중해 보인다. 그 느리고 기묘한 속도감은 치타의 질주를 볼 때 느끼는 박진감과 정반대편에서 쾌감을 준다. 코알라의 나른한 동작들을 보고 있으면 부교감 신경이 활성화되면서 마음이 편안해지고, 이상하게 명상적인 느낌까지 든다. 그 느릿함에 빠져든 우리는 한동안 말없이 코알라를 바라보고 또 바라보았다.

　　어른 코알라도 그렇게 귀여운데 아기 코알라는 더 말할 것도 없다. 코알라는 유대류, 즉 캥거루처럼 배에 주머니가 있어 아기는 거기서 자란다. 좀 더 자라 주머니에서 빠져나온 아기 코알라는 엄마 등에 업혀서 이동한다. 그래서 그 귀엽고 넙데데한 얼굴 옆에 더 조그맣고 귀엽고 넙데데한 얼굴이 나란히(저쪽 방에 가서 베개를 마구 두들기고 왔다)…

놓이게 되는 것이다. 우리가 본 코알라 가족 중에도 아기 코알라가 있었다. 아기 코알라 역시 느린 동작으로 조그만 유칼립투스 잎사귀를 쥐고 냠냠 먹다가 아직 어설퍼서 자꾸만 떨어뜨렸다. 그 광경이 너무도 귀여워서 우리 일행은 모두 입술을 깨물고 부들부들 떨었다.

자신의 반경 안에서 선호하는 종류의 유칼립투스잎을 다 따 먹은 야생의 코알라는 다른 나무들이 있는 곳을 찾아서 땅에 내려와 느릿느릿 걸음을 옮긴다. 이 과정에서 많은 코알라가 교통사고로 죽는다고 했다. 마음이 아팠다. 개에게 공격받아 죽는 경우도 많다. 또 지구온난화와 도시화 등의 원인으로 코알라의 서식지가 줄어들고 있다. 보호종이 되기 전에는 모피를 위해 인간들이 코알라를 대규모로 도살하기도 했다. 놀랍게도 호주의 상징이자 많은 사람의 사랑을 받고 있는 코알라는 멸종위기종이다. 나는 코알라를 직접 보고 사랑에 빠지고 나서야 이 아픈 소식을 알게 되었다. 세상에 멸종위기종은 수없이 많다. 하지만 나는 이 귀여움만은 절대로 세상에서 사라져서는 안 된다고 생각했다. 불공평한 데가 있지만, 이것이 바로 귀여움의 위력이다.

커럼빈 와일드 생추어리에 다녀온 날 밤 호텔 침대에 누워 그날 촬영팀이 찍어서 보내준 코알라 사진과 동영상들을 잠들 때까지 보았다. 그리고 그중 한 사진을 휴대폰 배경화면으로 저장했다. 자연히 하루에도 수십 번씩 배경화면의 코알라를 보게 된다. 그리고 볼 때마다 환경에 대해 생각한다. 코알라를 위해 재활용쓰레기 분리수거라도 더 열심히 한다. 나는 이들을 잃고 싶지 않다.

2019년 가을에 발생한 호주의 초대형 산불 때문에 안 그래도 멸종위기종인 코알라가, 개체 수의 30%나 죽음을 맞았다고 한다. 불에 그을린 코알라가 사람으로부터 물을 벌컥벌컥 받아마시는 영상이 종종 보인다. 코알라의 이름은 'no water'라는 뜻의 원주민어로부터 비롯되었다. 유칼립투스잎에 함유된 수분 때문에 물을 자주 마실 필요가 없어서 그런 이름이 붙었다. 'no water'라는 이름의 동물이 필사적으로 물을 찾는 장면은 너무도 가슴 아프다. 나는 호주 산불과 관련한 기사를 매일 찾아보고 있는데, 매번 저쪽 방에 가서 엉엉 울게 된다. 불타는 숲에서, 그 순하고 느린 동물이 겪을 고통을 생각하면 견디기가 힘들다. 눈물을 닦으며 호주의 코알라 전문 병원에 후원금을 보냈다. 오늘도 폰 배경화면의 코알라를 수십 번씩 보면서 나는 생각한다. 이 귀여움이 사라지지 않도록, 우리 모두의 환경을 더 망가뜨리지 않도록, 내가 할 수 있는 것은 무엇이든 해야겠다고.

아주 작은 마을이 품은 아주 큰 다양성 ——————— 황

투움바의 지명은 패밀리 레스토랑을 대표하는 파스타 메뉴 이름을 통해 알고 있는 사람이 많을 것이다. 나도 마찬가지였다. 투움바(혹은 터움바)라는 발음도, Too-woom-ba라고 옹기종기 이어지는 알파벳의 배열도 입을 오물거리며 파스타를 먹는 동작처럼 귀엽다는 정도가 이 도시에 대한 배경지식의 전부였다.

퀸즐랜드주 관광청 초대로 온 여행이 아니었다면 파스타 이름 외에는 배경지식이 전혀 없던 투움바를 일부러 일정에 넣을 일은 없었을 거다. 이곳은 브리즈번에서 서쪽 내륙으로 130km가량, 두 시간 정도 거리에 떨어져 있으며 나는 여행할 때도 효율성을 중시하는 한국 사람이니까. 고민 정도는 했을지 모르지만, 직접 여행 경로를 정했다면 아마 주요 도시인 골드코스트와 브리즈번만으로 일정을 채웠을 가능성이 크다. 결론적으로 그렇게 놓쳐버리지 않아서 정말 다행이었다. 나보다 퀸즐랜드주를 훨씬 잘 아는 누군가가 여기 꼭 가야 한다고 정해준 덕분에

70주년을 맞은 투움바의 플라워 페스티벌과 그걸 만드는 사람들의 문화를 짧게라도 느껴볼 수 있어서 정말 다행스러웠다. 투움바에서, 그것도 동네 사람들이 죄다 모인 대낮의 길거리에서 눈물이 날 줄은 가보기 전에는 몰랐던 일이다.

투움바를 위키피디아에 검색해보면 퀸즐랜드주에서 여섯 번째로 인구가 많은 도시라고 나온다. 그래봤자 12만 명 정도로, 서울에서는 인구가 적은 편인 중구나 종로구에 사는 사람 수 정도 되는 규모다. 그런데 바로 몇 문장 아래에 또 재미있는 정보가 나온다. 퍼블릭 공원과 정원 수는 150개라는 사실이다. 인구 1천 명도 안 되는 사람들이 정원을 하나씩 가진 셈이다. 내가 사는 마포구 정보를 찾아보면 동마다 주민 수가 1만 명에서 4만 명까지로 다양한데, 주민 1천 명마다 하나씩으로 계산해서 동마다 공원이 10개에서 40개씩 있나 생각해보면 절대 그렇지 않다. 투움바 특산물은 파스타가 아니라 공원임이 확실하다. 한국에서 인구 대비 많은 장소는 무엇일까? 치킨집? 노래방? PC방?

정원과 공원의 녹색 도시

인구 대비 공공녹지 비율이 매우 높은 투움바에서 1년 중 가장 중요한 행사가 플라워 페스티벌이라는 건 특별한 일이 아닐 것이다. 아마 강남구에서 개최하는 K-pop 축제 같은 느낌일지도 모르겠다. 봄을 맞

이하는 즈음인 9월에 열리는 이 큰 축제에는 시민들이 모두 적극적으로 참여하고 관광객들이 그걸 보러 방문한다고 한다. 그야말로 자연이, 자연을 즐기는 행위가 깊숙이 들어와 있는 삶이 그려진다. 플라워 축제의 내용은 대략 세 가지로 구성된다. 테마별로 꽃을 아름답게 가꿔 보여주는 공원의 조경 전시, 주민들이 자신의 정원을 꾸미며 참가하는 가드닝 대회, 그리고 도심의 거리를 행진하는 퍼레이드가 그것이다. 공원이나 정원의 식물들을 보여주는 축제가 몇 주간 계속된다면, 그 한가운데 있는 퍼레이드는 행사의 절정을 찍는 핵심이라 할 수 있다.

9월 21일이 바로 그 날이었다. 봄이 성큼 다가온 토요일, 온 마을 사람들에게 가장 중요한 주말 과제는 오직 야외로 나가 공원의 꽃들을 즐기는 것으로 보였다. 우리가 아침 식사를 한 사랑스러운 카페 베이커스 덕(@thebakersduck)에도 페스트리류를 포장해 가려는 줄이 끊이지 않았다. 아침 일찍 도시락을 싸들고 어디로 소풍을 가도 좋을 날이었다. 투움바에는 공원이 150개나 있으니까. 하지만 어디에서 피크닉을 즐기건 간에 오후 2시 전에는 잔디 위에 펼쳐둔 담요를 접어 들고 번화가인 마가렛 스트리트로 집합해야 한다. 거리 행진이 시작되는 시간이기 때문이다. 퍼레이드에 출연하는 주체는 이 마을 사람이거나 인근 도시에서 원정을 온 다양한 단체들이다. 군인들이나 마칭밴드부터 인근 대학의 농업학생, 댄스 아카데미의 어린이들이며 각 나라에서 온 이민자들이 자신들의 문화나 주장을 보여주는 춤과 음악, 퍼포먼스를 저마다 선보인다. 아주 가벼운 버전의 할로윈 코스튬 플레이에다 학예회 공연과 올림픽 선수단 개막 행진이 결합된 것 같은 모습이랄까.

행렬은 흄 스트리트와 헤리스 스트리트가 만나는 지점에서 출발해 루스벤 스트리트와 마가렛 스트리트를 거쳐 중심가의 가장 큰 공원인 퀸즈 파크Queens Park로 향하는 경로를 따라 행진했다. 1년에 한 번 있는 큰 행사, 게다가 70주년 기념행사를 앞둔 도시는 흥분과 긴장이 뒤섞인 모습이었으나 한국에서 이런 행사가 열릴 때의 일사불란함과는 종류가 달라 보였다. 우리가 노란 리본으로 표시된 VIP석으로 인도받아 착석하고, 페스티벌 시작 시간이라고 안내받은 시간으로부터 40분이 지날 때까지 한 팀의 행렬도 보지 못했던 게 그 증거다. 하지만 서두를 이유가 뭔가? 어차피 주민이건 관광객이건 이 도시의 모든 사람이 여기 모여 있으니 다른 약속이 있을 리 없다. 게다가 행사가 지체될수록 시간은 1분이라도 더 봄을 향해 가까워지고, 꽃은 한 송이라도 더 피어날 텐데 말이다. 우리는 노란 장미 옆에 각자의 이름이 인쇄된 스티커를 왼쪽 가슴에 붙인 채 길에 도열된 의자에 앉아 퍼레이드 시작을 기다렸다. 앞, 옆, 뒤에 앉은 사람들도 저마다 꽃장식이 붙은 커다란 모자라든가 꽃무늬가 화려한 의상으로 잔뜩 멋을 낸 채 느긋했다.

70주년을 맞은 플라워 페스티벌 시작을 알린 건 신혼부부 때부터 이 행사를 보아왔을, 결혼 70주년을 맞은 노부부였다. 70년 동안 한 사람과 같이 산다는 건 어떤 의미일까? 저 부부 중에도 호더와 도비 역할을 하는 사람이 있었을까, 그래서 신혼 때는 주전자를 내다 버리라며 싸웠을까…. 이런 생각을 하는 동안 박수 소리를 묻어버리는 요란한 프로펠러 소리가 나기 시작했다. 3대씩 2열을 이룬 헬리콥터 부대가 머리 위로 지나가는 중이었다. 그 뒤로는 한참 국방색과 카무플라주 패턴의 물결이 이어졌다. 장갑차와 육군, 그 뒤로 해군, 보병들과 군악대 연주가 각을 잡고 도열해서 지났다. 꽃을 보겠다고 모인 축제의 날에 군대와 무기를 보고 있는 기분이 묘했지만, 군인들의 존재가 공적인 의미가 있는 행사임을 권위적으로 증명하는 것 같았다. 군인, 경찰, 소방관 등 지역사회에 봉사해온 사람들을 차례로 무대에 세우고 경의를 표하는 자리의 의미도 있을 것이다. 고적대 연주는 본능적으로 사람의 심장을 뛰게 만들었다. 여군의 비율이 높은 군악대의 차르르르 하는 드럼비트와 브라스 사운드도 그랬지만, 할머니 드럼 연주대인 'Ladies Redland'의 스웨그가 특히 대단했다.

자기 자신인 채로 환대받는 사람들

꽃으로 꾸민 커다란 퍼레이드 카, 화려한 깃털과 풍선으로 치장한 사람들이 여러 팀 지나갔다. 군인들과 고적대, 킬트를 입은 스코틀랜드 백파이프 팀 이후에는 열과 오를 맞춘 그룹이 없었다. 치어리더들이 행진하며 응원 동작을 했고, 무용 학원 학생들이 춤추며 뒤를 이었다. 박자와 각이 똑떨어지는 아이돌 군무의 나라에서 온 관객으로서 각자 제멋대로 흥에 겨운 몸짓들에서 짜릿한 해방감이 느껴졌다. 디즈니 프린세스나 잭 스패로우로 자신을 치장한 사람들도 있었으며, 르네 마그리트의 키스, 뭉크의 절규 같은 명화가 되어 상급의 코스프레를 뽐내는 이들도 있었다. 귀여워서 피식 웃음이 나는 가운데 각 나라의 전통춤은 민족적 자존심을 건 제법 진지한 무대로 보였다. 네팔, 인도, 중국, 태국에서 온 이민자들이 주변 도시에서까지 모여들어 화려한 전통 의상과 음악 속에서 춤을 췄다. 한복을 입은 한 무리의 부채춤 군무를 포함해서 (투움바는 경기도 파주시와 자매결연을 맺고 있어서, 파주에서 이 축제를 축하하기 위해 방문한 인원들이 제법 많았다.)! 강렬한 컬러의 의상과 흐드러지는 리듬으로 압도해버린 아프리카 여성 연대가 오래 기억에 남는데, 그들의 신나는 표정이 한몫한 것 같다.

유기동물 보호 협회에서는 동물들을 데리고 나왔으며 자신이 재배한 농작물, 온갖 클래식 컨버터블 카, 60년 된 미니쿠퍼 자동차를 끌고 나온 사람도 있었다. 자신이 중요하게 여기는 것, 자랑스러워하는 것, 소중한 것이라면 뭐든 갖고 나온 것 같았다. "동네사람들 이것 좀 봐요!" 하는 느낌이랄까. 또 동네 사람들은 거기다가 따뜻한 환호를 퍼부었다.

투움바의 퍼레이드가 특별했던 건 딱히 보여줄 뭔가가 없는 사람들도 무대의 주인공이었다는 점이다. 그들은 그저 자신인 채로 거기 존재했다. 리우 카니발이나 뉴욕의 퀴어 퍼레이드 같은 데서는 온갖 사람들이 작정하고 화려한 차림으로 쏟아져 나와 끼와 개성을 방출한다. 투움바에서도 그런 화려한 치장을 한 사람이 없는 건 아니었다. 하지만 행렬을 구성하는 많은 이의 모습은 소박하기 짝이 없었다. 아기들이나 노인들은 차에 탄 채로, 장애인들은 휠체어를 밀거나 누군가의 손을 잡고서 느리면 느린 대로 행진했다. 나이가 많거나 적거나, 체격이 크거나 작거나, 피부색이 어떻거나 상관없이. 종교와 인종, 성 정체성, 나이와 직업을 떠난 지역사회를 구성하는 모든 존재가 햇볕 아래서 자신을 마음껏 드러내고 따뜻한 박수와 눈인사 손 인사와 환대를 받으며 자신의 속도로 걸어갔다.

해외여행을 처음 경험한 어린 시절, 외국에는 왜 이렇게 장애인이 많이 보일까 신기해했던 기억이 난다. 부끄럽지만 지금은 안다. 외국에 장애인이 많은 게 아니었다. 한국의 장애인들이 거리에 나오지 못하는 거였다. 그래서 우리 눈에 안 보이는 거였다. 함께 걸어야 할 거리를, 같이 차지해야 할 무대를, 받아야 할 박수를 누리지 못하고 있는 거였다.

어설프고 귀여워서 웃다가, 하도 웃어서 눈물이 났다. 눈물을 흘리다 보니 진짜로 우는 것 같기도 했다. 젊고 아름답고 균질한 존재들만

이 무대에 오르고 매순간 엄격하게 평가받는 한국에서, 내가 가장 멀리 와 있다고 느낀 여행의 순간이었다. 꽃을 보러 왔다가 사람들을 봤다.

소박하고 세련된 도시 ——————————————— 김

골드코스트와 브리즈번은 해안 도시다. 투움바는 어떤 곳일까? 아웃백 스테이크하우스의 파스타 이름으로 친근하지만 이번 여행을 출발하기 전 우리는 투움바가 어디에 위치해 있는지도 몰랐다. 지도를 찾아보고 "음… 투움바 파스타는 우리나라로 치면 '김천 칼국수' 같은 느낌일지도"라는 얘기를 주고받았다. 김천과 비슷하게, 투움바는 내륙의 소도시다. 퀸즐랜드주의 주도인 브리즈번에서 130km 정도 내륙으로 들어가는데, 한국으로 치자면 서울에서 충주까지 정도로 국토를 3분의 1쯤 종단하는 거리다. 그러나 퀸즐랜드주만 해도 한반도 면적의 17배쯤 되니 이 정도면 아주 밀접한 거리일 것이다. 호주의 내륙지방 깊은 곳은 진짜 '아웃백'이다. 붉은 흙과 암석과 밤하늘을 가득 채우는 별과 날파리들로 가득한, 상상하기 힘들 만큼 광활한 공간. 아웃백을 탐험해 볼 엄두는 쉽게 안 나지만 나는 아웃백에 대한 모종의 로망(?)이 있다. 몇 년 전에 쓴 책『내가 정말 좋아하는 농담』에는 이런 부분이 있다.

지구상에서 은하수를 가장 잘 볼 수 있는 곳은 '아웃백'이라 불리는 호주의 오지다. 별이 무척 환하게 빛나기 때문에 은하수 사이사이의 어두운 부분도 더욱 선명하게 보일 것이다. 호주의 원주민들은 이 검은 무늬에 '에뮤emu'라는 이름을 붙였다. 에뮤는 호주 고유종인 커다란 새의 이름이다. 대부분의 문화권에서는 별에 이름을 붙이고 별자리의 이야기를 만드는데, 그들은 별이 아닌 별의 부재에서 새를 본 것이다. 빛나는 별만 보이는 세상보다 그 옆을 나는 검은 새도 같이 보이는 세상이 아마도 더 아름다울 것이다.

투움바에서 나는 황선우에게 남반구에서만 볼 수 있는 별인 남십자성을 같이 보자고 말했다. 호주 국기에 그려져 있는 별자리가 바로 남십자성이다. 하지만 밤에도 빛이 훤해서 남십자성을 찾기는커녕 별이 그리 많이 보이지도 않았다. 아웃백 스테이크하우스는 투움바 파스타를 팔지만, 투움바는 브리즈번이 면한 해안으로부터 아웃백 방향으로 한 발짝 들어간 도시일 뿐, 진짜 아웃백과는 한참이나 거리가 멀다(여담이지만 아웃백 스테이크하우스도 호주가 아닌 미국의 레스토랑 체인이다). 그러나 해발 600m의 고산 도시이기도 한 투움바는 골드코스트나 브리즈번과 확연히 다른 분위기를 띤다. 투움바에 가까이 다가갈수록 차창 밖은 점점 푸석해졌다. 무척 건조해서 붉은 흙먼지가 많이 날렸고,

소와 말이 자주 보였다. 희미한 아웃백의 향취를 느꼈다고 해도 될까? 점심식사를 하러 햄튼의 에머로드 레스토랑에 가는 길에는 덜컹덜컹 비포장도로도 지나야 했다. 다시 햄튼에서 출발해 도착한 투움바는 소박하고 작은 도시였다. 하지만 투움바는 그렇게 단순한 곳만은 아니었다.

투움바의 별명은 '가든 시티'다. 우리는 이곳에서 엄청나게 많은 꽃과 나무를 보았다. 투움바의 많은 공원과 인상 깊은 퍼레이드에 대해서는 황선우 작가가 자세히 썼고, 나는 이 작은 도시에서 70주년을 맞은 플라워 페스티벌의 일환으로 일반 가정집들의 가드닝 대회를 구경 갔던 일이 기억에 많이 남았다. 국기에 유니언잭이 그려진 나라다웠달까. 호주는 지금도 영연방의 일원이고 애보리진 외에 현대 호주를 구성하는 인구의 시초는 영국에서 대규모로 이주해온 사람들이다. 퀸즐랜드주의 '퀸'은 당시 영국의 빅토리아 여왕을 뜻한다. 가드닝을 '영국의 국민 스포츠'라고 할 만큼 영국 사람들의 가드닝에 대한 열정은 세계적으로 유명하다. 오랫동안 호주 정착민들은 영국을 본국으로 생각하며 그리워했다. 놀랍게도 1949년까지 호주 시민권이라는 게 존재하지 않았다고 한다. 그전까지 호주에서 태어난 사람은 호주 사람이 아니라 영국 사람이었던 것이다. 불과 70년 전까지도. 그들은 영국에서 사랑받는 수종과 화훼를 들여와 영국식 정원과 공원을 가꾸는 데 열을 올렸다. 영국의 식물종보다 호주의 식물종 숫자가 네 배 이상 많은데도 말이다. 지금은 많이 바뀌었지만 아직도 그 영향이 남아 있다고 하는데, 나는 호주 토착 수종이 무엇이고 또 외래 수종이 무엇인지에 대해서는 잘 알지 못한다. 다만 투움바 가드닝 대회에 참여한 가정집들을 방문했을 때 이들 또한 영국인들 못지않게 본격적이고 헌신적인 가드너들이구나 하고 느꼈다. 대회 기간에 예약한 사람들에게 정원을 개방하는데, 1위를 차지한 집을 방문했더니 작은 집 뒤켠으로 넓은 부지를 섬세하고도 아름답게 꾸며놓았다. 이 정도의 정원을 디자인하고 가꾸려면 1년 내내 굉장한 노동이 들어갈 것이었다. 그 열정이 존경스러웠다. 이곳에 머리가 하얀 할머니와 할아버지가 손을 잡고 잘 가꿔진 정원을 보러 오는 광경도 사랑스러웠다. 나도 나이 들면 우리 집 화분 가드너인 황선우와 팔짱을 끼고 꽃과 나무들을 보러 다니고 싶다. 머리가 하얀 할머니 둘도 꽤나 귀엽지 않을까.

집 뒷마당이지만 나름대로 언덕도 있고 오솔길 동선도 주의 깊게 디자인해 두었다. 야자수와 고사리가 무성하고 자금자금한 화분들과 적절한 오브제가 곳곳에 놓여 있었다. 초가을로 접어드는 9월 중순에 한국을 떠나왔지만 호주는 봄. 다시 한번 봄꽃을 보는 기분도 좋았다. 한국의 꽃과 비교해보는 것도 재미있었다. 벚꽃과 자목련이 더 작고 여리게 피어 있었다. 치자 비슷한 꽃과 동백도 있었다. 제라늄, 한련화, 장미, 라벤더, 라넌큘러스, 달리아, 양귀비, 작약, 왁스플라워를 보았고 램스이어, 황금사철, 몬스테라, 셀렘, 올리브, 아보카도나무 등등을 구경했다. 우리나라에서 힙스터 식물인 몬스테라와 셀렘은 이곳에서 무척이나 박력 있게 자랐다. 아보카도 나무도 한 그루에 큼지막한 아보카도가 주렁주렁 많이도 달려 있어서 놀라웠다. 이곳 기후에 맞는 식물들은 거침없이 왕성하게 자라는 듯했다. 물론 내가 모르는 나무들이 훨씬 많았다. 무성한 나무도 많지만 이파리와 줄기가 가느다란, 건조한 기후에서 잘 자라는 소포라나 코로키아 같은 나무들도 많았다. 이 집에서뿐 아니라 투움바 곳곳에서 병솔나무꽃을 흔히 보았다. 우리 집에서도 키웠던 식물이라 반가웠는데, 호주에서도 병솔Bottle brush나무라고 부르는 게 신기했다. 나중에 찾아보니 원산지가 호주여서 병솔이라는 번역 이름이 붙은 거였다. 역시 원산지답게 병솔나무꽃은 정말로 병을 싹싹 닦을 수 있을 것처럼 튼실했다. 짧은 산책이지만 무척이나 만족스러웠고 지적으로도 좋은 자극이 되었다. 오래전에 한 친구가 내게 "백 가지의 나무 이름과 백 가지의 꽃 이름을 아는 게 교양이다."라는 말을 들려준 적이 있다. 그 말이 참 멋있게 느껴져서 그때부터 조금씩 식물 이름을 외우고 자주 들여다보게 되었다. 여전히 모르는 게 너무나도 많지만, 국내든 해외든 여행을 가면 아는 식물들을 알아보고 또 모르는 식물들을 새로 알게 되는 게 내겐 큰 재미이자 공부다. 이번 퀸즐랜드주 여행에서 발견한 또 하나의 큰 기쁨은 자카란다였다. 호주에서 봄에 벚꽃처럼 피는 보라색 꽃나무인데 아직 철이 일러 무성히 핀 것을 보지는 못했지만 간간이 일찍 꽃을 피운 나무를 보았다.

　　가드닝 대회 1위 가정집의 멋스러운 감각에 비해 투움바 공원의 가드닝은 그리 세련되지는 못했다. 우리나라 지자체들도 애호하는 알록달록한 팬지, 꽃양배추와 라넌큘러스, 방울꽃, 개양귀비, 튤립 등등 색깔이 현란한 꽃을 빈틈없이 빽빽하게 심어놓곤 했다. 꽃밭이 그다지 내 취향은 아니었지만 공원에 거대한 야자수와 소나무 들이 높이높이 무성하게 자라 있는 걸 보는 것만으로도 눈이 시원하고 기분이 좋아졌다. 모튼 아일랜드에서 알게 된 '노포크 아일랜드 파인 트리'도 있었다. 역시 아는 만큼 보이는구나! 커다란 개들이 산책 나와 있고, 우리가 사랑스럽다는 눈빛을 보내면 반려인들이 "안아줘요, 좋아할 거예요."라고 먼저 말을 건네는 것도 좋았다. 아니, 사실 이 부분은 천국 같았다…. 우리에게 천국은 '낯선 사람이 껴안아도 좋아하는 대형견들'로 가득한 곳일 것이다.

　　투움바는 작은 도시다. 인구는 2019년 현재 12만 명 정도. 거리 느낌도 조금 촌스럽고 푸근했다. 그러나 우리가 이번 여행에서 만난 가장 인상 깊었던 레스토랑과 카페는 투움바에 있었다. 한 곳은 따로 소개해 마땅할 에머로드 햄튼 레스토랑, 다른 한 곳은 지금부터 이야기할 베이커스 덕이라는 베이커리 카페다. 아침 7시 30분에 그곳으로 갔다. 놀랍게도 그 시간에 빵과 음료를 사 가려는 사람들이 카운터로부터 줄을 서 있었다. 간판 대신 오리 그림이 그려진 그곳은 귀여우면서도 세련되고 활기찬 공간이었다. 벽의 페인트 색이나 카페 내부에 사용된 재질이며, 감각적이면서도 적당히 건조한 디테일들이 포틀랜드나 베를린의 근사한 카페를 연상시켰다. 투움바의 한 모퉁이에서 이런 곳을 만나게 될 줄은 몰랐다. 이곳은 원래 일주일에 단 하루, 토요일에 여섯 시간만 대중에게 오픈하던 작은 베이커리였다. 점차 입소문이 나 사람들이 한 시간도 넘게 줄을 서는 일이 예사로 이어지자 지역의 스페셜티 커피 브랜드와 손잡고 2018년에 새로 이전해 오픈했다. 이제는 일주일에 닷새, 수요일부터 일요일까지 오전 6시 반부터 오후 1시까지 영업한다. 한국인들에게는 다소 묘하게 느껴지는 영업시간이지만 호주의 가게들은 대부분 아주 일찍 문을 열고 일찍 닫는다. 망원동에서 우리가 가는 조그만 카페들은 보통 12시쯤 문을 열어 저녁 8-9시쯤 닫는데, 호주의 카페들은 보통 아침 6-7시에 문을 열고 오후 일찍 닫는다. 호주 사람들은 가족과의 관계를 아주 중요하게 생각하고 가족과 함께 보내는 시간을 여간해서 양보하지 않는다는 얘기를 들었다. 마침 카페 안 다른 테이블에는 그 이른 아침에 삼대가 함께 식사를 하고 있었다. 할머니뻘 되는 분들과 엄마로 보이는 나잇대의 사람들, 그리고 어린아이들이었다. 놀라웠다. 우리나라로 치면 한정식집 같은 데서나 이루어질 가족 식사 회동이 아닌가. 게다가 한국에 이런 베이커리 카페가 있다면 주로 젊은 사람들만 드나들고 나이가 좀 있거나 어린아이를 데리고 있는 사람은 '내가 들어가도 되는 곳일까' 눈치를 보게 될 텐데, 전혀 그런 분위기가 아닌 점이 참 부러웠다. 우리 같은 관광객들도, 편안한 차림의 동네 주민들도, 나이가 많거나 적은 사람도 편안히 즐길 수 있는 공간이었다. 모든 게 자연스러웠다. 우리가 주문한 메뉴는 아보카도와 반숙 달걀, 약간의 샐러드, 치즈, 햄, 빵 등이 두툼한 나무 플레이트 위에 올려진 세트였다. 주스와 커피도 매우 훌륭했다. 나는 이곳이 무척 마음에 들었다. 단 한 가지, 우리가 사실은 간절히 해장을 원하고 있었다는 점만 빼면… 어째서 일이 그렇게 되었냐 하면, 그 또한 투움바의 예상치 못한 힙함에서 비롯된 것이었다.

전날 투움바 시내를 돌아보고 공원 한 군데를 다녀온 뒤 저녁 식사를 하기 위해 조지 뱅크스 루프탑 바(@georgebankstoowoomba)에 갔다. 이곳 또한 2018년에 새로 오픈한 곳으로, 들어갈 때부터 분위기가 범상찮게 좋았다. 인테리어와 조명도 근사했고 추천받은 피노 누아도 기대 이상으로 훌륭했다. 호쾌한 플레이팅이 보기에도 즐거웠으며 모든 메뉴가 푸짐하고 맛있었는데 특히 파스타가 기가 막혔다. 세상에, 우리가 투움바에서 파스타를 먹고 있군. 이게 바로 '투움바 파스타' 아닌가. 게다가 이곳의 이름이 어째 낯이 익다 싶더니, 내가 너무나 사랑하는 책인『메리 포핀스』에서 아이들의 아빠이자 메리 포핀스의 고용주인 은행원 뱅크스 씨의 이름에서 따온 거였다. 이 루프탑 바가 들어선 오래된 건물은 예전에 은행이었고, 그 유산을 가져오면서 호주 출신 작가인 파멜라 린든 트래버스의 명작 『메리 포핀스』에서 캐릭터 이름을 가져온 것이다. 천장에는 메리 포핀스의 상징인 우산 모양의 샹들리에가 걸려 있었다.

　　모든 게 훌륭했던 조지 뱅크스에서 가장 훌륭했던 것은 음악이었다. 음질이 아주 좋았고, 여러 흥 나는 음악 사이에 갑자기 비지스의 '스테잉 얼라이브 Stayin' alive' 같은 디스코 클래식이 나오니 술쟁이들은 잔을 부딪칠 수밖에 없었다. 결정적인 것은 어스 윈드 앤 파이어의 '셉템버 September'가 나왔을 때였다. 이국의 멋진 루프탑 바에서 '셉템버'의 그 유명한 첫 소절 '기억하나요 9월 21일 밤을'이 흘러나올 때 술을 자제할 수 있는 방법을 우리는 알지 못한다. 게다가 그날은 마침 9월 20일이었다…. 그래서 일이 그리된 것이다. 다음 날도 일찍부터 움직여야 하는 빡빡한 스케줄임을 알고 있었지만 조지 뱅크스에서 돌아오던 우리는 '9월 21일'로 넘어가는 밤의 흥에 제동을 걸 수 없었다. 기사님께 요청해 가까운 주류판매점에 들렀다. 술이 종류별로 그득한 대형 주류판매점은 천국 같았다. 우리가 꿈꾸는 천국은 낯선 사람이 껴안아도 좋아하는 대형견들로 붐비는 투움바 대형 주류판매점의 모습일 것이다…. 그래서 9월 21일 아침, 모두가 숙취와 함께 기상했고 베이커스 덕의 멋진 메뉴를 맛있게 먹으면서도 한편으로는 해장을 원할 수밖에 없었던 거다. 이것은 우리 탓이 아니라 전적으로 투움바의 깜짝 놀라게 멋진 공간들 탓이었다…고 주장해 본다.

　　소박한 소도시인 듯하면서도 최근 주목받는 세련되고 근사한 공간들이 호들갑 없는 보석처럼 박혀 있는 곳, 70년 된 플라워 페스티벌과 다양성에의 존중과 커다란 동식물과(대형 주류판매점과!) 희미한 아웃백의 향취, 그리고 아웃백 스테이크하우스보다 훨씬 맛있는 진짜 투움바 파스타가 있는 곳. 마치 투박한 아웃라인 안쪽으로 세련된 안감이 슬쩍 드러나는 외투처럼 멋진 매력이 있는 곳이었다. 앞으로 이 작은 도시 투움바가 또 어떤 매력을 더해갈지 궁금해진다.

호주의 공기밥 먹어봤니? ——————————— 황

　　여행에서 식사를 중요하게 여긴다. 사실 평소에도 그렇다. 유한한 인생, 한 끼도 허투루 하지 않겠다는 마음으로 최선을 다한다. 하루에 두세 번(여행 중에는 서너 번으로 늘기도 하지만) 새롭게 주어지는 확실하고 구체적인 행복의 기회가 밥 말고 또 있을까? 내면의 욕구와 외부 상황의 접점 안에서 최적의 선택지를 찾는 탐색이 나에게는 자연스러운 목표이자 흥미로운 게임이다. 그 답안이 반드시 비싸고 고급스런 무언가일 필요는 없다. 샌드위치 한 점, 김밥 한 줄일지라도 꼭 원하던 맛을 찾아냈을 때 만족도는 극대화된다.

　　재밌는 건 우리 둘 중 요리를 하거나 식당을 정하는 건 주로 내 역할이지만, 미식가는 김하나 쪽이라는 사실이다. 시각 청각 촉각이 모두 나보다 예민한 김하나는 맛을 분별하는 감각에 있어서도 훨씬 섬세하다. 단맛을 낼 때 사용한 재료가 설탕인지 꿀인지 조청인지 홍시인지 단박에 알아채는 장금이라고나 할까. 친구네에서 포도를 먹는데 왜 레몬 맛이 나느냐고 해서 집주인이 놀랐던 적도 있다(레몬 옆에 두었던 포도라고 한다). 예민한 김하나지만 고마운 점이 있다면 음식 까탈을 부리는 법이 없다는 것이다. 집에서 요리 담당인 내가 만들어주는 밥은 언제나 불평 없이 맛있게 먹고 늘 고마움을 표현해준다. 어쩌면 나의 왕성한 식욕은 상대적으로 둔감한 미각에서 비롯되는지 모르겠다. 스스로 만든 음식의 퀄리티에 실망해 멈추는 일 없이 시도하고, 바깥 음식에도 어지간하면 만족해 계속 먹고 싶은 것을 떠올리니까. 둔감력과 함께 계속력이 나의 힘이라고 할 수도 있겠다. 먹는 것에 관해서 만큼은 바지런한 편이기도 하다. 괜찮다는 식당 소식을 들으면 그게 전라도 강진이건 핀란드 헬싱키건 간에 바로바로 구글맵에 별표를 찍어두며 여행 일정을 짤 때 어디서 무엇을 먹을까 위주로 계획의 뼈대를 잡으면서 이 데이터베이스를 활용한다. 둘러볼 지역을 정하고 식당을 결정하거나 예약해두면 식사와 식사 사이에 자연스럽게 근처에서 할 수 있는 액티비티의 살이 붙는다. 미술관 전시 관람, 쇼핑, 공원 산책 등의 활동으로 칼로리를 소모하면서 자연스럽게 이전 식사를 소화하고 다음 끼니를 맞아들일 위장의 준비를 한다.

내가 아는 푸디 중에는 여태 경험한 미슐랭 스타 레스토랑 별을 전부 합산해두고 여행마다 그 개수를 업데이트하는 열성과 꼼꼼함을 갖춘 이들도 적지 않다(참고로 호주에는 아직 미슐랭 가이드가 출간되지 않고 있고, 따라서 미슐랭 스타 레스토랑의 개념도 적용되지 않고 있다). 그들에 비하면 나는 헐렁한 편이다. 창의적인 파인다이닝을 경험하고 감탄하는 일은 즐기지만 한 달 전부터 예약하고 기다리는 인내심은 없다. 현지인 친구가 있을 때는 로컬의 인도에 의지해 쫓아다닌다. 물건의 양뿐 아니라 정보의 양에서도 맥시멀리스트이자 호더이다 보니 단체 관광을 다니면 스트레스를 받기도 한다. 내 정보와 계획과 의욕으로 돌아다닐 때와 비교해서 만족스런 식사를 하게 되기가 어렵기 때문이다.

퀸즐랜드주에서 머무르는 동안 우리는 대략 20끼를 먹었다. 3끼는 포크와 나이프를 내려놓는 즉시 잊었다. 10끼는 평범하지만 호주 음식을 알아가는 경험으로 괜찮았다. 6끼 정도는 좋은 기억이 되었다. 그리고 1번의 식사는 아주 독특한 경험이었다. 그 특별한 점심에 대해서는 따로 이야기하기로 하고, 절반 정도를 차지하는 평범한 식사로 돌아가 보자. 우리는 현지 관광청이나 리조트, 호텔 관계자들이 추천하는 식당에서 함께 식사하는 일이 잦았다. 그들이 맛보라며 주문해주는 메뉴들은 각 식당에서 무난하거나 잘하는 음식들일 텐데 메뉴도 맛도 엇비슷했던 점이 신기했다. 칼라마리(골드코스트나 브리즈번, 모튼 아일랜드 모두 바다에 면한 곳들이니 두족류 해산물이 흔한 재료일 것이다)나 시저 샐러드, 피자는 우리가 최소 10번 이상씩 먹은 메뉴다. 파스타나 리소토도 아니고 아란치니(밥알과 소스를 뭉쳐 튀긴 이탈리아 요리)를 식당마다 메뉴에 넣고 있는 것도 특이점이었다. 그리고, 감자튀김 얘기를 하지 않을 수 없다. 한국인들이 어떤 국물 요리를 끓이다가도 엔딩은 결국 밥을 볶아먹으며 김과 참기름, 눌어붙은 밥의 하모니로 끝내야 한다는 암묵적 규칙이 있듯이, 호주에서는 어떤 음식이든 감자튀김과 함께 먹어야 한다는 불문율이 있는 듯했다. 아무튼 칼라마리와 피자 + 감자튀김, 햄버거와 시저 샐러드 + 감자튀김, 소고기 스테이크와 허머스 + 감자튀김… 이런 베리에이션에 대해 나는 전혀 불만스럽지 않았다. 요컨대 호주의 감자튀김은 한국의 공깃밥 같은 존재, 식탁의 필수 구성요소였던 것이다. 골드코스트 더 아일랜드 호텔(@theislandgoldcoast)의 풀사이드 식당인 골디스에서는 '역시 감자튀김이군.' 하는 우리의 허를 찌르듯 먹어 보니 고구마튀김인 경우가 있긴 했다. 쌀밥에서 잡곡밥 정도의 변주로 느껴졌다. 기름에 튀기면 마분지도 맛있어지는 게 주방의 마법인데 감자튀김은 웬만해선 맛이 없을 수가 없는 음식이다. 칼로리에 대한 죄책감은 인천국제공항 제2여객터미널에 내려놓고 떠나왔다.

작은 식당에 넘치는 자부심, 에머로드 햄튼

가장 인상적이었던 식사 얘기를 다시 시작할 때다. 골드코스트에서 이틀을 보낸 뒤 투움바로 이동하는 사이, 중간 지점에서 점심이 예정되어 있었다. 그날 아침 촬영팀 세 사람과 김하나 그리고 나는 새벽 4

시 반부터 움직여 일출을 찍고, 호텔로 돌아가 조식 시간이 되자마자 커피랑 같이 따뜻한 걸 좀 위에 집어넣은 다음 짐을 간신히 챙겨 버스에 몸을 실은 참이었다. 며칠 연이은 수면 부족으로 두 시간가량의 이동 사이에 잠깐이라도 눈붙이고 싶은 마음이 간절했지만 오늘의 이동 경로는 하필 한국에서는 평생 경험해보지 못한 비포장도로였다. 골드코스트에서 투움바로 바로 향했으면 도로 사정이 원만했을 텐데, 식사를 위해 햄튼이라는 작은 마을로 우회해 가느라 도로도 닦이지 않은 험한 길을 거치는 거였다. 게다가 울퉁불퉁한 산길은 건조한 겨울을 겪으며 바삭하게 말라 있었다. 우리가 탄 승합차가 일으키는 매캐한 먼지 냄새가 차 안에까지 가득할 정도로. 차가 어찌나 덜컹거리며 몸을 흔들어댔던지 햄튼에 도착해 내릴 때는 정오도 되기 전이었는데 애플워치의 하루 운동량 링을 가뿐하게 채웠다. 촬영팀과 우리는 수면 부족에 요통과 멀미를 더 얻은 상태로 에머로드 햄튼에 도착했다.

　　만신창이가 된 채 정원의 야외 좌석에 자리를 안내받아 앉았다. 바람이 꽤 부는 날씨였지만, 먼지 냄새를 씻어내기엔 그 편이 나을 것 같았다. 투움바 지역 관광청에서 나온 담당자 제인이 이곳의 추천 메뉴를 몇 가지 주문해줬다. 지역에서 나는 신선한 식자재를 이용하는데 제철 재료의 작황에 따라 메뉴가 자주 바뀐다고 했다. 투움바 로컬 와인도 곁들였다. 야외 자리에다 점심이라 화이트로 결정된 건 반가운 선택이었지만 아쉽게도 단맛이 꽤나 강했다. 바람을 쐬고 햇볕을 쬐며 단 와인으로 몸과 마음을 수습하고 있을 즈음 음식이 나오기 시작했다. 여행에서 식사는 역시 중요하다. 힘든 날의 흐름을 적절히 끊어주는 역할을 한다.

접시들이 하나씩 등장해 테이블을 채워 나가면서, 젖은 물미역처럼 각자 자리에 늘어져 있던 우리 일행은 자세를 고쳐 앉고 텐션을 되찾기 시작했다. 저마다 휴대폰을 꺼내 촬영을 시작하자 음식을 맛보기도 전에 식탁에서 에너지가 이동해오는 것 같다. 접시 위 컬러 팔레트의 알록달록 넘치는 생동감 때문이다. 두툼한 식기에 서브되는 에머로드의 음식들은 플레이팅부터 날카롭고 정교한 맛을 내는 쪽은 아니라는 게 선명했다. 싱싱하고 큼직한 허브나 꽃을 툭툭 뜯어서 올린 요리들은 우직한 화려함이 있고 소탈한 자신감이 흘렀다. 흰살생선 타르타르나 양고기를 이렇게 저렇게 익힌 음식도 맛있게 먹었다. 하지만 우리의 눈과 혀를 동시에 감탄시켰던 건 무엇보다 채소들이었다. 작은 비트들을 잔뿌리가 달린 채 익혀 루꼴라 그리고 호두와 함께 버무린 샐러드는 쌉쌀함과 구수함의 밸런스가 굉장했다. 눈으로 보는 레드와 그린의 조화만큼이나. 그리고 콜리플라워 튀김! 약간 도톰한 튀김옷을 입혀 바삭하게 튀긴 콜리플라워는 부드럽게 익었지만 아삭한 식감이 적절히 살아있었고 메인으로도 손색없는 풍성한 맛이었다. 내가 튀기면 뭐든 맛있다고 했던가? 콜리플라워에게 사과한다. 게다가 에머로드에서의 식사에 빠진 게 한 가지 있었다. 바로 감자튀김이다.

아티스트들이 자신의 글이나 음악과 꼭 닮은 걸 보면 참 재밌다는 생각이 드는데, 에머로드의 오너 셰프 아만다 하인즈 씨 역시 그런 사람이었다. 다부진 몸에 보스다운 카리스마를 지닌 그녀는 자주 웃지 않고 진지한 표정과 낮은 음성으로 이야기하지만 한번 웃을 때는 껄껄대며 웃는 사람이었다. 우리는 디저트로 바닐라 푸딩과 루바브 젤리를 먹은 참이었는데, 아만다는 직접 루바브 줄기를 들고나와 보여주며 '팜 투 테이블'의 철학을 설명했다. 사실 새콤한 맛이 나는 디저트로 루바브를 즐기긴 했지만 어떤 재료인지 보는 일은 처음이었다. 이 작은 레스토랑으로 인해 햄튼이라는 작은 마을 자체가 상당한 활기를 띠게 되었다고 하는데, 지역에서 나는 좋은 식재료를 구해다 쓴다는 그녀의 자부심에 그럴만한 이유가 있다는 생각이 들었다. 우리가 모두 채소 맛의 풍부함에 감탄하자 아만다는 껄껄대며 어깨를 으쓱하고는 주방으로 돌아갔다.

에머로드에서 우리는 또 다른 아만다를 만났다. 옆 테이블에서 식사를 하던 여성이 우리가 한국어로 대화하는 걸 듣다가 갑자기 우리 테이블에 와서 인사를 건넨 것이다. 에머로드 바로 앞집에 살고 있는 또 다른 아만다는 K-pop과 K드라마의 열성 팬이었다. 골드코스트와 인천을 잇는 직항이 생긴다고 말하니 무척 반가워하면서, 다음 휴가에는 한국에 와서 드라마 <도깨비> 촬영 장소들을 돌아보고 싶다고 말했다. 직항 소식이 골드코스트 여행을 계획하는 한국인들에게만 반가운 것은 아닌 모양이다.

미슐랭 가이드는 원래 타이어 제조 회사인 모기업에서 자동차 여행을 활성화하려 여러 정보를 담으면서 식당을 포함한 것이라 한다. 최고 등급인 별 셋의 의미는 이렇다. "요리가 매우 훌륭하여 맛을 보기 위해 특별한 여행을 떠날 가치가 있는 식당(Exceptional cuisine, worthy of a special journey)" 나는 에머로드 햄튼을 별 셋으로 기억할 것이다.[01] 흙먼지를 뚫고 그곳에 갈만한 가치가 있었다.

퀸즐랜드주에서 우리의 마지막 식사는 브리즈번 강변에 있는 펠론즈 브루잉 코(@felonsbrewingco)라는 근사한 브루어리 펍이었다. 일정이 다 끝났기 때문에 관광청 담당자도 식당 홍보팀도 없이 우리끼리 자유로운 시간을 보냈다. 생맥주 탭이 가득한 그곳에서 우리는 기세 좋게 맥주를 고르고 따끈하게 갓 구워 나온 피자, 샐러드와 버거, 생선구이 같은 걸 주문해 나눠 먹었다. 그런데 뭔가 허전했다. "감자튀김 하나 시킬까?" 어느새 길들여진 우리는 자발적으로 호주 공깃밥을 주문하고 있었다.

---

01. 2022년 기준, 에머로드 햄튼은 장소를 옮겨 팝업 스타일로 운영되고 있다.

내 핏속에 시라즈가 흐르는 것 같아! ─────────── 황

프랑스의 사전 전문 출판사인 그랑 라루스에서 펴낸 와인 백과사전의 첫 문장은 이렇다. "와인은 여행으로의 초대입니다." 마트의 와인 코너 앞에서 무엇에 붙들린 듯 발을 옮기지 못한 채 마치 공항에서와 같은 설렘을 느껴본 사람들은 공감할 이야기다. 유럽으로 떠날지 신대륙으로 향할지, 이탈리아와 칠레 중 어디를 목적지로 정할지 기분 좋은 고민을 하면서 병을 고른다. 특정 지역의 와인을 마시는 일이 일상 속 작은 여행 같다면, 실제로 현지에 갔을 때 그곳 와인을 즐기는 일은 여행의 결을 더욱 풍성하게 만들어준다. 다녀온 여행지의 친숙함과 새로운 지역에 대한 호기심이 떠나고 싶은 열망을 자극하는 것처럼, 와인의 광대한 세계도 언제나 우리가 탐험해주기를 기다린다. 상세하게 그려진 내 취향의 지도를 쥐고 있을 때 그 탐험은 더 성공할 확률이 높다.

패션매거진 에디터로 일하던 중에 보르도로 출장을 갈 기회가 두 번 있었다. 프랑스에서도 와인 산지로 유명한 도시 중 하나다. 뽀이

약, 생떼밀리옹처럼 글자로만 알던 지역을 방문하고 샤토 린치 바주, 샤토 무통 로췰드 같이 유명한 포도원의 양조장에서 와인이 어떻게 만들어지는지 그 과정을 취재했다. 하루에 수십 종류 와인을 마시면서 이 향과 맛이 어떻게 다른지 분별하려 애쓰고, 더 정확한 단어로 표현해보려 노력했다. 포도밭도 참 여러 군데를 다녔다. 평평한 곳, 비탈진 곳, 강과 가깝거나 먼 곳, 볕이 잘 드는 남향과 덜 그런 곳, 자갈이 많은 곳과 모래가 고운 곳…. 각자 심어진 곳에서 힘을 다해 뿌리를 내리고 열매를 맺는 포도나무들을 보다가 깨달았다. 내가 지금 느끼는 이 온도, 습도, 조명이 바로 '테루아'구나!

테루아는 기후와 지형, 흙 종류, 배수의 정도 등 복합적인 요소들의 상호작용으로 형성되는 포도 생육 환경을 뜻하는 용어다. 포도밭의 등급(나라마다 생산지 표시 관련 체계가 있는데 특히 프랑스는 AOC 통제가 엄격하다)을 결정하며, 포도 품종이나 그 해의 독특한 기상 조건과 결합해 와인의 캐릭터까지 결정하는 것이 바로 테루아다. 비옥한 땅만이 반드시 좋은 테루아가 되는 것은 아니다. 양분이 너무 많은 토양에서는 원기 왕성해진 포도나무들이 왕성하게 열매를 맺어서, 오히려 맛에 개성이 없어지는 경우가 많다고 한다. 역경을 뚫고 뻗어나가는 포도 넝쿨들이 더 구조감 있고 균형 잡힌 와인을 만들어낸다니, 인간의 삶도 그렇게 어려운 환경 속에 더 값진 결실을 거둔다면 얼마나 아름다울까. 셀러 도어(게스트를 위해 운영하는 시음장)뿐 아니라 레스토랑이나 호텔을 운영하는 와이너리에서 시간을 보내면서는 음식과 대화를 즐기는 일 가운데 와인이 얼마나 핵심적인지 느끼기도 했다. 와인을 신의 물방울이라 부르는 건, 이 신묘한 액체가 인간들 사이를 더 가깝게 만들어주는 마법을 부리기 때문일 것이다.

천혜의 와인 환경 호주

사철 따뜻하고 건조한 기후를 가진 호주는 포도 농사에 거의 완벽한 지리적 환경을 가졌다고 평가받는다. 가장 뜨겁고 건조한 북부 내륙 노던 테러토리를 제외하고, 남쪽 해안을 따라 분포한 거의 모든 주에서 와인 산지를 가지고 있을 정도다. 그리고 테루아의 전통을 지키는 데 보수적인 유럽보다는 와인메이커들의 철학이 훨씬 개방적이어서, 여러 장소에서 생산된 포도가 최상의 맛을 내도록 선별하고 블렌딩하는 테크닉이 발달했다고 한다. 포도 농사, 수확과 양조 과정에서 자동화된 기술이 보편화된 건 와인 산업이 늦게 발달한 나라의 강점일 터다. 오프너로 돌려 여는 운치가 있지만 변질될 위험이 있는 코르크 대신 훨씬 간편한 스크루캡을 사용하는 대부분의 와인이 신대륙 와인인 걸 떠올려보면 납득이 간다.

퀸즐랜드주에 머무는 동안 맛있는 호주 와인들을 실컷 마실 수 있었다. 우리가 가장 즐거운 시간을 보낸 장소 중 한 군데는 B. W. S.였는데, 'Beer Wine Spirits'라는 정직한 이름의 약자인 주류판매점이다. 마침 골드코스트에서 머물던 숙소 VOCO 호텔 바로 앞에도 지점이 있어 우리는 여기를 '소맥와(소주맥주와인)'라고 부르면서 놀이터 가는 어린이들처럼 여러 차례 구경을 갔다. 백화점에서 옷이나 가방을 사지 않고 트렌드만 체크해도 즐거운 놀이이듯, 그 지역의 술들을 구경하는 것도 재밌는 아이쇼핑이다. 우리가 가본 BWS 대부분의 라인업은 유명한 샴페인 브랜드 몇몇을 제외하고는 거의 자국 와인들로 채워져 있었다. 울프 블라스, 제이콥스 크릭, 펜폴즈처럼 한국에서도 널리 사랑받는 호주 와인 브랜드들을 쉽게 볼 수 있었다. 호주는 세계에서 여섯 번째로 큰 와인 생산국이자 네 번째로 큰 와인 수출국이라고 한다. 국산만 맛보기에도 바쁠 텐데 굳이 비싼 물류비용을 지불하며 멀리 있는 와인들을 들여올 이유가 없을 만도 하다.

첫째 날 모튼 아일랜드 탕갈루마 리조트에 있는 레스토랑에서 했던 저녁 식사는 호주 음식에 대한 강렬한 첫인상을 형성했다. 중심에 떡하니 뼈가 박힌 1kg짜리 토마호크 스테이크와 흰살생선인 마히마히, 큼직한 새우들이 호쾌하게 구워져 나온 바비큐 메뉴였다. 덩어리가 큼직한 감자, 줄기째로 알알이 함께 익혀 나온 토마토까지 투박하고 소탈한 음식, 멋부리지 않는 조리법이었다. 재료가 풍성하고 쉽게 구해지니 그 안에서 딱히 아이디어를 도입해 극복해야 할 제약이 없는 느낌이랄까. 단순하고 직선적인 식탁, 그리고 그 음식의 양이 주는 압도적 푸근함이 느껴졌다. 탕갈루마 리조트에서 일하는 한국인 매니저 테레사와 아이린이 함께 식사를 했는데, 그들이 고른 와인은 2017년산 페퍼잭 시라즈였다.

호주 와인 하면 떠오르는 전형적인 이미지가 대체로 꽉 찬 볼륨감을 가진 풀 바디 시라즈들이다. 과일 잼을 먹는 것처럼 달콤하고 묵직한 느낌에 탄닌감도 강한 레드 와인을 좋아하는 사람에게 호주 여행은 아마 천국의 나날들일 것이다. 저렴한 가격에 다양한 시라즈를 간 해독력이 허락하는 한 지치도록 마실 수 있다. 첫날 밤 마신 페퍼잭에서는 스파이시한 후추와 자두, 오크 향이 느껴졌다. 내 경우 평소에는 가볍지만 복합적인 피노 누아나 경쾌한 과일향의 소비뇽 블랑, 우아한 산미를 내는 샤도네이를 좋아하는 편인데 퀸즐랜드주에 머무르는 동안은 시라즈를 즐겁게 마셨다. 지천에 널려있었고 무엇보다 호주 스테이크와 가장 잘 어울리는 게, 호주 시라즈 와인이었다.

퀸즐랜드주에서 마시는 퀸즐랜드 와인

퀸즐랜드주는 넙적한 고양이 얼굴처럼 생긴 호주 대륙의 오른쪽 귀와 윗뺨에 해당하는 동북부로, 북반구인 미국으로 치자면 남서부 캘리포니아처럼 건조하고 더운 기후의 지역이다. 그렇다면 캘리포니아의 나파 밸리처럼 여기도 와인 산지가 있지 않을까? 하는 추리를 했다면 정확하다. 퀸즐랜드주 남쪽에는 화강암 지대 Granite belt로 불리는 본격적인 와인 산지가 있으며, 투움바 인근에서도 작지만 개성 있는 와이너리들이 있다. 우리가 방문한 로잘리 하우스(@rosaliehouse)는 2005년에 첫 포도나무를 심어 2008년 빈티지부터 와인을 만들기 시작한 신생 포도원이다. 샤도네이, 시라즈, 그르나슈, 비오니에 등의 품종을 재배하며 베르델료 품종으로 다양한 화이트 와인(그리고 물론 시라즈 레드)을 만들고 있었다. 베르델료는 포르투갈 마데이라섬에서 태어난 당도가 강한 품종이라고 하는데 그래서인지 호주의 더운 지역에서 화이트 와인용으로 많이 재배한다고 한다. 프랑스 포도밭 풍경에 더 익숙해서인지, 포도 넝쿨들이 쭉 펼쳐진 이랑 옆으로 야자수가 심어져 있는 풍경 속에서 식사를 하는데 무척 신기하고 이국적이었다. 공작새가 그려진 화려한 라벨의 로잘리 하우스 베르델료에서는 파인애플, 시트러스류의 화려한 열대 과일 아로마가 느껴졌다.

투움바 플라워 페스티벌의 한 프로그램으로 열렸던 푸드 앤 와인 페스티벌에서도 마침 퀸즐랜드주 로컬 와인을 마셔볼 수 있었다. 리지밀 에스테이트(@ridgemillestate)라는 와이너리에서 만든 '더 링컨 The Lincoln'이었다. 화관 만들기 체험을 하고 나서 머리에 꽃을 쓴 채로 잔디밭에 아무렇게나 자리 잡고 앉은 우리는 F&B 부스에서 사 온 피자와 커리에 이 와인을 나눠마셨는데 맛이 강한 음식들에 묻혀버리지 않는 힘이 있었다. 역시나 시라즈였다. 돌아오기 전날 나는 외쳤다. "내 혈관에 시라즈가 흐르는 것 같아!" 이제 걸쭉해진 피의 농도를 낮추기 위해 맥주를 좀 마셔줄 때가 된 것 같았다.

　재밌었던 경험은 소맥와에서 촬영팀 친구들과 함께 와인을 고르면 그들의 선택 기준은 대체로 라벨 이미지였다는 점이다. 텍스트 다루는 일을 하는 내 경우 어딘가에서 들어 알고 있는 이름, 배경지식, 이전에 마셔봤던 와인들과 공통된 단어에 의지해 와인을 선택했다면 사진과 영상 전문가인 그들은 라벨에 들어 있는 이미지나 폰트, 디자인의 느낌을 보고 직관적으로 결정했다. 그리고 호텔로 돌아와 각자 고른 병을 나눠 마셔 보면 신기하게도 와인 맛은 그 라벨과 닮아 있는 경우가 많았다. 비주얼을 보는 눈이 예리한 이들이 거기에 최대한 집중하는 방식 또한 자기만의 와인 탐험 지도를 만드는 좋은 방법이 될 수 있을 거다.

　호주에서 나의 평소 와인 취향과 잘 맞는 와인들을 만드는 지역은 태즈매니아라는 것도 발견했다. 대륙의 남쪽, 호주에서 가장 서늘한 기후대라는 점이 작용할 것이다. 다음 방문 때는 본격적으로 와인을 마시기 위해 우리나라 면적의 2/3 사이즈라는 이 커다란 섬에 가보고 싶다는 강렬한 바람이 생겼다. 그때 물론 중간 경유지는, 벌써 그리워진 퀸즐랜드주로 잡으면 적절하겠다. 골드코스트에서 5일 정도 신나게 서핑을 하고 브리즈번에서는 최소 5일 정도 자전거 시내 관광과 미술관 투어, 쇼핑을 하면서 그 사이 5일 정도 국내선을 타고 태즈매니아 여행을 다녀 오면 딱 좋겠다. 아, 투움바도 빠트리면 서운하니까 플라워 페스티벌 시 즌으로 기간을 잡아서 3일은 다녀와야 할 것 같다. 역시 와인은, 여행으로의 초대입니다.

강변을 따라 흐르는 삶 ——————————— 김

　　우리 일행 아홉 명은 모두 서울에서 왔으니 대도시 사람들이다.
황선우와 나는 어린 시절은 부산에서, 커서는 서울에서 살았으므로 평생
큰 도시에서만 산 셈이다. 휴양도시인 골드코스트와 고산지대의 소도시
인 투움바를 다니면서 여행이 아니라 여기서 산다는 것은 어떤 느낌일지
상상해보았지만 잘 그려지지 않았다. '며칠 머무르기엔 재미있지만, 계
속 살면 조금 지루하지 않을까?'하는 의견들도 있었다. 그러다 여행 마지
막 도시인 브리즈번의 시내를 돌아다녀 보고서야, '브리즈번이라면 살기
좋을 것 같아!'라고 다들 입을 모았다. '브리즈번에 살면서 골드코스트와
투움바에 가끔 놀러 가면 제일 좋을 것 같은데!'가 대도시 사람들의 공통
된 의견이었다. 세계 어딜 가나 대도시들은 비슷비슷하다. 물론 그 도시
만의 바이브가 있지만, 대도시를 굴리기 위한 시설이나 촘촘한 도로, 즐
비한 빌딩들, 남들 신경 쓸 겨를 없이 바쁘게 횡단보도를 건너는 사람들,
그리고 눈에 익숙한 다국적 브랜드의 로고들은 묘한 안정감(?)을 준다.

한국에서도 대도시를 골라 사는 사람들인 만큼 호주에서도 브리즈번에 오자 '산다면 이곳에서'라며, 아무도 우리에게 브리즈번의 부동산을 사주겠다고 제안하지 않았지만 흔쾌히 결정을 내리는 것이었다.

브리즈번은 호주에서 세 번째로 큰 도시다. 많은 사람이 호주의 수도라고 착각하는 시드니나 멜버른 다음으로 크다(나는 지금도 이 두 도시 중 하나가 수도가 아니라는 걸 의식적으로 생각해봐야만 안다. 아마도 호주 수도 이름이 정말 안 외워지기 때문에 퍼뜩 떠오르지 않아서 일 것이다. 호주의 수도는 캔버라다. 책에까지 써두었으니 이제 기억하겠지). 브리즈번은 퀸즐랜드주의 주도이며 2014년 G20 정상회담을 개최한 곳이다. 어떤 도시를 'G20 정상회담 개최지'로 소개하는 자는 필시 지루한 사람이리라는 신념이 있는데 지금 정신을 차리고 보니 내가 바로 그런 사람이구나 싶다. 인구는 광역도시권을 합쳤을 때 300만 명이 넘는다. 다시 말해 브리즈번은 호주의 중요한 도시다. 게다가 브리즈번의 성장세는 가팔라서, 위키피디아에 따르면 중심업무지구의 인구는 2004년부터 2009년까지 불과 5년 동안 약 2배로 늘었다고 한다. 브리즈번에서 느껴지는 활력에는 그런 배경도 작용할 것이다.

지리적인 배경도 있다. 부산 출신인 황선우와 나는 샌프란시스코나 바르셀로나처럼 바다를 낀 도시들을 특히 사랑하며, 우리가 서울에서 좋아하는 것은 도심을 박력 있게 가로지르는 한강이다. 한강마저 없었다면 서울은 정말 숨통이 막히는 도시가 되었을 것 같다. 브리즈번은 이 둘을 합친 곳이다. 바다에 면해 있고, 브리즈번강이 구불구불 도시를 가로지른다. 그래선지 브리즈번은 답답하지 않고 무언가가 계속 흐르고 순환하며 숨통을 틔워주는 느낌이 있다. 사람과 마찬가지로 도시의 인상을 결정짓는 것도 처음에 어떻게 만나느냐일 것이다. 우리는 브리즈번을 가장 매력적인 방식으로 만났다.

도시를 개괄하는 가장 멋진 방식

내가 세상에서 제일 좋아하는 교통수단은 자전거다. 나의 첫 책 『당신과 나의 아이디어』의 제일 첫 구절은 다음과 같다.

언젠가 저의 친구 D는 자전거를 두고 이런 말을 했습니다.
"아니, 인간 따위가 어떻게 이런 걸 만들었지?!"
제가 아는 가장 강렬한 자전거 예찬입니다.

나 또한 D의 말에 절대 동감이다. 자전거는 엔진을 쓰지 않고 사람의 힘으로 나아가는 물건이다. 연료를 태우는 대신 나의 열량을 태우고, 배기가스 대신 땀과 열기를 배출한다. 다리 근력을 페달로, 또 그것을 바퀴로 전달하는 체인과 그 힘의 역학을 조절하는 기어의 방식은 또 얼마나 아날로그적이고 단순한가. 무엇보다 일렬로 선 두 바퀴 위에서 나아감을 통해 균형을 잡는다는 기본 아이디어 자체가 언제나 내게 쾌감을 준다. 어느 모로 보나 굉장히 멋진 교통수단인 것이다. 그러니 브리즈번에 도착하자마자 도시를 자전거로 한 바퀴 돌아본다는 소식에 너무도 반가웠다. 마침 날씨도 무척 쾌청했다. 자전거를 빌리는 곳(@electricbiketoursbrisbane)에 도착했는데, 어째 자전거 모양이 좀 날렵하지 못하다 싶더니 전기자전거였다. 나도 전기자전거를 한 대 가지고 있지만, 앞서 말한 자전거를 아름답게 하는 여러 이유를 떠올리며 '여기서는 일반 자전거를 타는 게 더 멋지지 않을까?' 하는 생각이 들었다. 그러나 10분이 지나자 나는 전기자전거를 예찬하게 되었다. 햇살이 따가웠고 생각보다 경사로가 꽤 있어서 일반 자전거를 탔으면 무척 힘들었을 뻔했다. 그리고 전기자전거는 연료를 태워 배기가스를 배출하지 않으니 친환경적이다.

헬멧을 쓰고 가이드의 뒤를 따라 달렸다. 1시간 반 정도의 자전거 코스는 브리즈번과의 첫 만남에 더할 나위 없이 완벽했다. 여행지 곳곳에서 자전거를 타봤지만 이토록 근사한 자전거 코스는 흔치 않았다(물론 전기자전거였기에 이런 후한 평가가 나왔으리라). 27km에 달한다는 브리즈번의 자전거 도로는 훌륭했다. 한쪽으로는 브리즈번강이 눈맛을 시원하게 하고 상쾌한 바람을 제공해주었다. 다른 한쪽으로는 파릇

한 잔디밭이나 나무가 본격적으로 우거진 숲, 그리고 많은 사람이 해수
욕을 즐기는 인공 해변까지 나타났다. 사우스뱅크 지역의 '스트릿츠 비
치'라는 곳이었는데, 도심 한가운데 흰 모래밭과 푸르고 작은 바다가 보
이니 신기했다. 햇살은 따가웠지만 자주 만나는 그늘이 단호하게 서늘
해서 쾌적했다. 1940년에 개통한 브리즈번의 상징 스토리브릿지도 자전
거를 타고 건넜다. 강과 숲, 온몸으로 맞는 햇살과 바람. 연애 초기의 간
질거림마냥 몸이 붕 떠가는 것같이 행복하고 달콤했다. 한 도시를 개괄
하는 가장 멋진 방식이라는 생각이 들었다. 우리는 그렇게 도시의 첫인
상을 몸으로 스케치했다. 브리즈번강은 크게 굽이치며 흐르기 때문에
시시각각 달라지는 풍광을 제공했고, 자전거 코스는 적당한 오르막과
내리막, 따가운 햇살과 자주 쾌감을 드리우는 그늘, 다채로운 바다 질감
까지 골고루 갖추어 도무지 지루할 겨를을 주지 않았다.

　　우리를 앞서서 가이드해주는 사람은 중년 여성이었는데, 무엇보
다 이분이 활기차게 일을 하는 모습부터가 참 근사하게 느껴졌다. 자전
거를 타는 동안 휠체어를 탄 장애인, 휠체어를 안 탄 장애인, 아직 탈것
에 미숙한 아이들 등등이 쾌적한 밀도 속에 저마다의 속도로 이 도시를
흐르는 모습이 보였다. 정말이지, 흐르고 있었다. 강물이 굽이굽이 흐르
듯, 이 도시를 흐르는 활기는 잊기 힘든 것이었다. 흐르기보다는 종종 부
딪치고 엉기며 정체하는 서울의 빽빽함을 대비시켰다. 그러니 서울에서

는 장애인과 아이들처럼 느릴 수밖에 없는 약자들을 배려할 여유가 자꾸만 없어지는 것은 아닐까? 서울 또한 무척 활기찬 도시지만, 서울을 움직이는 동력은 밀물과 썰물의 순환이 아니라 사방에서 몰아치는 밀물과 또 다른 밀물이 부딪치는 스파크 같다는 생각을 하곤 한다. 나는 브리즈번에서 중년 여성과 장애인과 아이들이 함께 흐르는 자연스러운 속도가 부러웠다.

브리즈번강이 거의 유턴을 하듯 극단적으로 커브를 그리는 지점에서 건너편 강둑을 바라보았다. 그곳에 우리가 호주에서 묵을 마지막 숙소가 있다고 했다. 그 언저리에 강 건너편에서도 잘 보일 만큼 거대한 'HSW'라는 글자가 보였다. 황선우는 "저게 혹시 제 이름 이니셜인가요?!"라고 외쳤다. 과연 그것은 'Hwang Sun Woo'의 약자였다. 좌중이 잠시 술렁였으나(나는 외쳤다. 'KHN은 왜 없는 거죠?!') 곧 그것은 'Howard Smith Wharves'의 약자였음이 밝혀졌다. 이곳은 나중에 우리 호주 여행의 마지막 장소가 된다.

김밥을 싸 가면 소풍, 샌드위치를 싸 가면 피크닉

다시 돌아 처음 빌린 곳에 자전거를 반납했다. 정오 가까운 오전의 자전거 라이딩으로 금세 우리는 까무잡잡해져 있었다. 이 즐겁고 행복한 기분을 오래도록 잊고 싶지 않다고 생각했다. 땀으로 젖은 옷을 갈아입고 점심을 먹기 위해 뉴 팜 공원 New Farm Park 으로 갔다. 뉴 팜은 녹음이 우거진 교외의 주거지역으로, 뉴 팜 공원은 그 안에 있는 강변의 공원이다. 넓은 풀밭의 나무 그늘에 우리를 위한 피크닉 존이 세팅되어 있었다. 나는 동거인에게 "김밥을 싸 가면 소풍, 샌드위치를 싸 가면 피크닉이야"라고 말하곤 하는데 이번에는 명백히 피크닉이었다. 피크닉을 위한 모든 준비를 다 해주는 이 서비스(@vintagepicniccompany)는 요즘 브리즈번의 관광 산업에서 각광받고 있다고 한다.

그 디테일은 놀라울 정도였다. 돗자리와 담요와 쿠션들, 접이의자와 테이블, 얼음에 담긴 스파클링 와인과 크래프트 맥주, 유리잔, 다양한 핑거푸드와 디저트, 게다가 성능 좋은 블루투스 스피커까지 준비되어 있었다. 최고로 좋은 점은 뒷정리까지 도맡아준다는 점이다! 여행을 가면 아쉬운 점은 항상 초보자의 단계에만 머물다 돌아오게 된다는 사실이다. 좋은 스팟이 어디인지도, 무엇을 준비해야 하는지도 알기 힘들고, 설령 안다 해도 그것들을 다 챙겨서 돌아다니지는 못한다. 요컨대 현지 사람처럼 노하우를 발휘해 즐기지 못한다. 그런데 이 서비스는 정말로 브리즈번 강가에서의 오후를 근사하게 즐기려면 무엇이 필요한지 가장 잘 아는 사람들이 마련한 것 같았다. 사려 깊고, 편리했다.

그러나 멀리 떨어져서는 근사하게만 보이던 것도 직접 겪어보면 이상적이지만은 않은 부분이 있다. 그렇게 완벽해보이던 피크닉 세트에도 허점이 있었다. 개미였다. 우리를 위해 마련된 식사는 꼼꼼히 랩으로 싸여 있었는데, 그것을 벗기자 조그만 개미들이 줄지어 달려드는 것이 었다. 심지어 한 번은 물기까지 했다. 예상치 못한 변수였으나 여름에 한 강에서 놀 때는 모기가 있는 것처럼 이것도 브리즈번 강변의 경험이라 생각하고 받아들였다. 종종 소스라치게 놀라며 개미들을 털어내야 했지 만 넓은 잔디밭에서 이곳의 전문가들이 골라준 맛있는 로컬 와인과 맥 주를 마시는 것은 값으로 따질 수 없는 경험이었다. 취기가 오른 우리는 한국에서부터 가져온 찍찍이 캐치볼을 꺼내 공을 던지고 받으며 놀았 다. 나는 친구들로부터 '캐치볼 전도사'라 불린다. 캐치볼은 누구도 이기 지 않고 누구도 지지 않는 게임이며, 던지고 받을 때마다 파란 하늘을 올 려다보게 되는 놀이다. 게다가 생각보다 숨이 꽤나 차오를 정도로 운동 이 된다.

퀸즐랜드주의 마지막 여정

호주의 마지막 숙소 이름은 더 팬투조 아트 시리즈 브리즈번(@ the_fantauzzo)이었다.[01] 팬투조Fantauzzo는 이 호텔을 만든 아티스트-배 우 부부의 성이다. 스토리브릿지 바로 아래에 위치한 이곳은 여러모로 팔라조 베르사체와 대비되었다. 블랙을 기조로 한 인테리어는 대체로 심 플했으며 디테일에서 예기치 못하게 과감한 컬러를 사용했다. 로비와 룸

---

01. 2021년부터 '크리스탈부룩 빈센트'라는 이름으로 운영되고 있다.

곳곳에 다양한 사진 작품들이 걸려 있었다. 재미있는 곳이었다.

　　조금 쉬다가 브리즈번 시내를 걸어보기로 했다. 15분쯤 걸어서 작은 선물들을 사기 위해 이솝 매장에 들렀다. 한국어, 중국어, 일본어로 된 제품 설명 카드가 준비되어 있었다. 브리즈번 시내는 오래된 건물과 새로운 건물이 뒤섞여 있어서 걸어 다니며 구경하기에 재미있었다. 촬영팀은 아직 국내 출시 전이었던 새 아이폰 모델을 봐야겠다며 애플 플래그쉽 스토어에 들렀다. 브리즈번의 애플 스토어는 맥아더 챔버스라는 아름답고 역사적인 건물에 있었다. 1930년대에 지어진 고층 건물로 이름에서 짐작할 수 있듯 제2차 세계대전 때는 그 지역의 연합군 사령부로 쓰이기도 한 곳이다. 브리즈번의 애플 스토어는 천장이 매우 높고 고풍스러우면서도 쿨했다. 이솝과 애플 매장을 들른 후 안정감을 느낀 대도시 거주자들은, 여전히 누가 브리즈번에 부동산을 마련해주겠다고 하지 않았지만 '그래, 브리즈번이야.'라며 이주 계획을 확정 짓는 듯했다.

　　저녁 겸 여행 마지막 뒤풀이를 하기 위해 모인 곳은 펠론즈라는 맥주 브루어리였다. 낮에 보았던 대로 황선우의 이니셜과 같은 HSW, 하워드 스미스 워브즈는 스토리브리지 바로 아래 브리즈번강의 U자로 꺾어지는 부분을 따라 늘어선 상업 지구였다. 낭만적이고 잊기 힘든 로케이션에 큼직한 규모로 자리 잡은 곳이었다. 어두워지자 근처의 높은 빌딩들에 촘촘히 불이 켜졌고 불빛이 강물에 비쳐 근사한 장관을 이루었다. 거기서 대규모 불꽃놀이를 할 때도 있다.

펠론즈는 HSW에 위치한 거대한 규모의 양조장 겸 술집이었다. 음악도 좋고 음식도 맥주도 아주 맛있었다. 맥주를 샘플러로 일단 맛보고 주문할 수 있었는데, 라거처럼 맑은 로컬 에일과 향이 풍부하면서도 적절한 내추럴 에일이 우리 입에 맞았다. 오늘은 여행 마지막 밤이었고 맛있는 맥주도 있었으니 우리는 마음 편하게 신나는 시간을 보냈다. 그러던 중 직원이 우리 테이블에 다가왔다. 미성년자인지 확인을 해야겠다며 내게 ID를 보여달라는 거였다. 하하 웃으며 "이봐요, 난 마흔넷이라구요."랬더니 직원이 혼비백산하며 나는 20살, 박신영 작가는 18살로 보인다고 했다. 아무리 아시안들의 나이를 가늠하기 힘들다 해도… 어려 보이는 걸 별로 좋아하지 않아 앞머리 사이에 난 흰머리 하나를 애지중지하며 돌보고 있는 나지만 여행 마지막에 또 한 번 웃음을 터뜨리게 하는 에피소드가 생겼다. 내일 새벽 5시 반에 일어나 공항으로 향해야 하는 우리는 마지막 잔을 비우고 자리에서 일어났다. 안녕, 브리즈번. 어쩌면 우리 여기로 이사 올지도 몰라!

이 햇살을 간직해 ──────────────── 황

서향집에 산다는 건 겨울 오후 3시부터 5시, 비스듬히 쏟아져 들어오는 오렌지빛 햇볕 샤워를 하며 가늘어진 눈을 한 채 털을 고르는 고양이들을 볼 수 있다는 뜻이다. 집에 있을 때도 집 밖에 있을 때도 그 광경을 떠올리면 마음 가장 깊은 곳부터 따뜻함이 번져온다. 하지만 또 서향집에 산다는 건 겨울 오전의 희미한 고요를 의미하기도 한다. 날씨가 어떻든 아침에는 실내 전체에 차분한 회색 필터가 껴 있다. 가라앉은 풍경을 오해한 기분도 같이 가라앉는다. 겨울이나 장마철에 종종 벌어지는 정서적 착시현상이다. 그럴 때 집 앞 운동장에 나와 걸으면 도움이 된다. 쨍하게 눈부신 겨울 볕을 쬐노라면 매콤하게 차가운 공기도 몸을 웅크리게 하기보다 정신을 깨운다. 위장 아래쪽으로부터 행복감이 차오른다. 마음에 피려 하는 축축하고 습한 곰팡이를 태양광이 깨끗하게 건조해준다. 에너지가 충전되는 것 같다. 쏟아지는, 내리꽂는 햇볕을 내가 얼마나 사랑하는지 깨달으면서 동시에 햇볕으로부터 더 큰 사랑을 받는 기분을 느낀다. 나만큼 해를 좋아하는 존재가 있다면 <겨울왕국> 시리즈의 눈사람 올라프 정도가 떠오른다.

해를 좋아하는 건 내 몸과 마음이 합심해서 한 방향이다. 운동 가운데서도 특히 야외에서 뛰노는 걸 즐기고, 그렇게 뙤약볕 아래에서 시간을 보내는 동안 자연스럽게 구릿빛으로 그을린 피부도 좋아한다. 이웃의 김민철 작가가 햇볕 알레르기를 갖고 있어서 여행 가서도 해를 피하며, 집에도 내내 블라인드를 쳐두고 생활한다는 걸 알고는 어찌나 안타깝던지(하지만 본인은 안타까울 턱이 없다. 햇볕이 그에게는 고통스런 알레르기 유발 인자일 테니까). 강한 볕에 연약한 피부를 가져 불에 덴 듯 빨갛게 화상을 입는 사람들도 있다. 내 피부는 튼튼한 장기와 왕성한 식욕을 함께 가진 사람처럼 해를 소화시켜 균일한 갈색으로 익어간다. 잘 구운 식빵처럼 변한 팔과 다리, V자로 플립플랍 끈 모양이 하얗게 새겨진 갈색 발등이 여행 현지에서 가져온 기념품으로 남는다. 햇볕이 내 몸의 일부가 된다. 그렇게 검어진 피부색이 차츰 원래 색으로 돌아올 때면 좀 서운한 기분마저 든다. 몸으로 흡수했던 여행의 기억이 옅어지는 것 같아서, 여행지와 그제야 뒤늦게 헤어지는 것 같아서.

퀸즐랜드주를 떠올리면 온몸으로 쏟아지는, 피부에 수직으로 내리꽂는 햇볕의 감각이 되살아난다. 하와이나 캘리포니아, 몰디브나 태국, 스페인 남부의 태양과는 달랐던가? 각 여행지의 위도나 경도, 그리고 해 아래의 풍경과 사람들이 햇살을 다르게 기억하게 만든다. 햇볕 감식가로서 호주의 그것은 특별히 정직했다고 말할 수 있다. 햇살 아래의 수심 없이 단순한 풍경이나 사람들 때문이었을지도 모르겠다.

여행 마지막 날, 브리즈번 공항을 떠나오는 항공편은 아침 9시 출발이었다. 우리는 호텔에서 6시쯤 출발한 데다, 전날은 마지막 밤의 뒤풀이를 늦게까지 하고 짐을 싸느라 잠을 거의 못 잔 상태였다. 수속을 마친 다음 플랫화이트와 마른 샌드위치로 간신히 속을 달래고 출국장으로 나설 때는 몸도 마음도 푸석하고 까슬하기 짝이 없었다. 빠르게 지나간 여행에 대한 아쉬움, 편안한 내 집과 고양이들에 대한 그리움, 짧지 않은 비행의 피로에 대한 긴장과 그럼에도 비행기를 타는 행위 자체가 주는 거의 조건반사적인 설렘 같은 것이 복합적으로 뒤범벅된 상태였다.

반입 물품에 대한 신고와 검사를 꼼꼼하게 하는 입국 때와는 다르게 출국 절차는 간단했다. 인천공항의 출국장은 어땠더라? 자세히 기억나지 않지만 말하고 싶은 게 많고 목소리가 높았던 것 같다. 글자들은 분명 목소리를 낸다. 학원, 약국, 피부관리실, 정수기 대리점 같은 간판을 빼곡하게 매단 신도시의 상가 건물을 보면 각자 자기 목소리만 높여 시끄럽게 외치는 한 무리의 사람들을 앞에 둔 것 같아 피로하다. 공항에서도 K-pop과 한식과 다양한 것들을 상기시키면서, 우리를 잊지 말라는 수다스러운 작별을 하고 있지 않았나 싶다. 한국의 도시들이 하는 지역 브랜딩은 대개 그렇다. 우리가 세계의 중심이라고, 최고의 뭔가를 갖고 있다고, 그걸 기억해달라고 소리 친다. 크지 않은 나라의 크지 않은 도시가 왜 세계 최고여야 할까? 꼭 어디로 뻗어나가야 할까? 그냥 그 자신인 채로 매력적이고 또 사랑받을 수는 없을까? 국내 여행을 할 때마다 드는 의문이다.

브리즈번 공항 출국장을 통과할 때 아주 간결한 폰트의 글씨로, 그렇지만 아주 커다랗게 쓰여 있는 한 문장을 발견했다.

Keep

뭐지? 뭘 지키라는 거지?

Keep the...

먼저 출국장을 통과하는 사람들이 서서히 움직여 이동하면서 가려졌던 뒤의 단어가 전체 모습을 드러냈다.

Keep the Sunshine.

햇살을 간직해.

위장 아래쪽으로부터 따뜻함이 번져 올랐다. 마치 햇볕 아래에 섰을 때처럼. 컴컴한 아침의 공항이었지만 여행 내내 봐왔던 찬란한 해가 소환되어 머리 위로 펼쳐졌다. 퀸즐랜드주 곳곳의 햇살 찬란한 여러 장면이 여행의 추억으로 쌓였기 때문이다. 나는 이보다 더 단순하고 강력한 주문을 본 적이 없다.

퀸즐랜드주는 아무렇지 않게 작별인사를 건네면서 떠나는 우리를 따뜻하게 포옹해주었다. 그 인사가 여행 전체의 의미에 확실한 마침표를 찍었다. 맞아, 골드코스트의 해변에서 달릴 때, 파도 속에 서핑하며 고꾸라질 때의 그 햇살이 있었지. 투움바 거리에서 축제를 즐길 때, 정원의 식물들을 구경할 때, 브리즈번에서 자전거를 타고 또 피크닉을 하는 동안 우리는 태양 아래 축복받았지. 밝고 따스한 평화가 우리를 감싸고 어루만졌지. 퀸즐랜드주를 여행하는 동안 마음에 접혀있던 어떤 부분이 되살아나고 보송보송해졌다.

이 도시가 세계의 중심이 아니면 어떤가, 이 지역이 최고가 아니면 어떤가. 여기는 그 자체로 아름답고 완전했다. 9시간의 비행이 끝나 인천공항에 내릴 때 나는 이곳을 떠날 때의 피부색이 아니었다. 퀸즐랜드주에서 쬐었던 햇살을 내 일부로 갖고 돌아왔기 때문이다. 그을린 살갗의 색에는 그곳에서 배운 낙관이, 여유가, 느린 속도와 타인에 대한 포용력이 나에게 일으킨 변화가 포함되어 있다. 그 힘으로 당분간을 살아갈 것이다. 그리워하며 가끔 돌아갈 것이다. 평생 기억할 것이다. 여행이 단순히 일상에서 벗어나는 시간일 뿐 아니라 우리 삶의 색깔을 조금씩 바꿔놓는 경험이라면, 그건 퀸즐랜드주의 햇살 같은 것이 오래 남아 우리 안팎을 밝히기 때문이다.

Keep the Sunshine.

Accommodations

더 팬투조 아트 시리즈 브리즈번 THE FANTAUZZO
(크리스탈브룩 빈센트 CRISTALBROOK VINCENT)

5 Boundary St, Brisbane City QLD 4000, Australia | +61 7 3515 0700

www.crystalbrookcollection.com/vincent | @crystalbrookcollection

탕갈루마 아일랜드 리조트 TANGALOOMA ISLAND RESORT

Tangalooma, Moreton Island QLD 4025, Australia | +61 7 3410 6000

www.tangalooma.com | @tangaloomaislandresort

팔라조 베르사체 호텔 PALAZZO VERSACE GOLD COAST

94 Seaworld Dr, Main Beach QLD 4217, Australia | +61 7 5509 8000

www.palazzoversace.com.au | @palazzoversace

호텔 VOCO 골드코스트 VOCO GOLD COAST

31 Hamilton Ave, Surfers Paradise QLD 4217, Australia | +61 7 5588 8333

www.vocohotels.com/goldcoast | @vocogoldcoast

Food & Drinks

골드코스트 더 아일랜드 호텔 바 THE ISLAND ROOFTOP

3128 Surfers Paradise Blvd, Surfers Paradise QLD 4217, Australia | +61 7 5538 8000

www.theislandgoldcoast.com.au | @theislandgoldcoast

대박 DAE BARK KOREAN RESTAURANT

2/57 Nerang St, Southport QLD 4215, Australia | +61 7 5531 0374

로잘리 하우스 ROSALIE HOUSE

135 Lavenders Rd, Lilyvale QLD 4352, Australia | +61 447 135 906

www.rosaliehouse.com.au | @rosaliehouse

르 자르뎅 LE JARDIN

94 Seaworld Dr, Main Beach QLD 4217, Australia | +61 7 5509 8000

www.palazzoversace.com.au/en/restaurants/le-jardin.html | @palazzoversace

리지밀 에스테이트 RIDGEMILL ESTATE

218 Donges Rd, Broadwater QLD 4380, Australia | +61 7 4683 5211

www.ridgemillestate.com | @ridgemillestate

마마산 키친 & 바 MAMASAN KITCHEN & BAR

3 Oracle Boulevard Broadbeach QLD 4218, Australia | +61 7 5527 5700

www.mamasanbroadbeach.com | @mamasanbroadbeach

벌레이 파빌리온 BURLEIGH PAVILION

3/43 Goodwin Terrace, Burleigh Heads QLD 4220, Australia | +61 7 5661 9050

www.burleighpavilion.com | @burleighpavilion

베이커스 덕 THE BAKER'S DUCK

124 Campbell St, Toowoomba City QLD 4350, Australia | +61 1300 339 592

www.thebakersduck.com.au | @thebakersduck

에머로드 햄튼 EMERAUDE HAMPTON

8616 New England Hwy, Hampton QLD 4352, Australia

조지 뱅크스 루프탑 바 GEORGE BANKS

206 Margaret St, Toowoomba City QLD 4350, Australia | +61 7 4580 0808

@georgebanksrooftop

클리포즈 그릴 앤 라운지 CLIFFORD'S GRILL & LOUNGE

3032 Surfers Paradise Blvd, Surfers Paradise QLD 4217, Australia | +61 7 5588 8400

www.goldcoast.vocohotels.com/eatanddrink | @cliffordsgrillandlounge

펠론즈 FELONS BREWING CO

5 Boundary St, Brisbane City QLD 4000, Australia | +61 7 3188 9090

www.felonsbrewingco.com.au | @felonsbrewingco

Parks

존 로스 파크 JOHN LAWS PARK

Burleigh Heads QLD 4220, Australia

퀸즈 파크 QUEENS PARK

43-73 Lindsay St, East Toowoomba QLD 4350, Australia

뉴 팜 공원 NEW FARM PARK

1042 Brunswick St, New Farm QLD 4005, Australia

Activities & Leisure

겟 웻 서프 스쿨 GET WET SURF SCHOOL

Seaworld Dr, Main Beach QLD 4217, Australia | +61 1800 438 938

www.getwetsurf.com | @getwetsurf

고 버티컬 스탠드 업 패들보드 GO VERTICAL SUP HIRE

Shop 4/19 River Dr, Surfers Paradise QLD 4215, Australia | +61 423 716 625

www.govertical.com.au

스카이 포인트 클라이밍 SKYPOINT CLIMB

Level 77, q1 building/9 Hamilton Ave, Surfers Paradise QLD 4217, Australia | +61 7 5582 2700

www.skypoint.com.au/skypoint-climb | @skypoint_au

실내 스카이다이빙 iFLY GOLD COAST

3084 Surfers Paradise Blvd, Surfers Paradise QLD 4217, Australia | +61 1300 435 966

www.iflyworld.com.au | @iflygoldcoast

자전거 대여소 ELECTRIC BIKE TOURS

52 Bank St, West End QLD 4101, Australia | +61 449 675 645

@electricbiketoursbrisbane

커럼빈 와일드 생추어리 CURRUMBIN WILDLIFE SANCTUARY

28 Tomewin St, Currumbin QLD 4223, Australia | +61 7 5534 1266

www.currumbinsanctuary.com.au | @currumbinsanctuary

탕갈루마 아일랜드 리조트 액티비티 TANGALOOMA ISLAND RESORT ACTIVITIES

사막 사파리 투어 | 쿼드바이크 | 샌드터보거닝 | 돌고래 먹이 주기

Tangalooma, Moreton Island QLD 4025, Australia | +61 1300 652 250

www.tangalooma.com | @tangaloomaislandresort

피크닉 서비스 VINTAGE PICNIC COMPANY

21 Lodge Rd, Wooloowin QLD 4030, Australia | +61 431 576 423

www.vintagepicnics.com.au | @vintagepicniccompany

퀸즐랜드 자매로드
여자 둘이 여행하고 있습니다

초판 1쇄 발행 2022년 5월 25일
2쇄 발행 2022년 6월 08일

지은이 황선우, 김하나

발행처 이야기나무

발행인/편집인 김상아

기획/편집 장원석, 박선정

홍보/마케팅 장원석, 전유진, 김태연, 안지인

사진 촬영 스튜디오 도시

드론 촬영 텍스처 온 텍스처

협찬 호주 퀸즈랜드주 관광청
queensland.com

디자인 루돌프웍스

인쇄 삼보아트

등록번호 제25100-2011-304호

등록일자 2011년 10월 20일

주소 서울시 마포구 연남로13길 1 레이즈빌딩 5층

전화 02-3142-0588

팩스 02-334-1588

이메일 book@bombaram.net

블로그 blog.naver.com/yiyaginamu

인스타그램 @yiyaginamu_

페이스북 www.facebook.com/yiyaginamu

ISBN 979-11-85860-57-2 [00980]
값 16,000원